高职高专计算机类专业系列教材

U0159918

计算机网络技术

主 编 王 盟 杨宇超 孔瑞平

副主编 徐 兰

西安电子科技大学出版社

内 容 简 介

　　本书从计算机网络技术的实际应用出发，共设 7 个学习模块，主要内容包括企业网络架构介绍、简单的 IP 网络、构建交换网络、构建广域互联网、网络应用的实现、提升网络效率与网络安全传输、搭建无线局域网。

　　本书适合作为高职高专计算机类、电子信息类专业的教材，同时也适合作为网络管理与维护人员和广大计算机网络技术爱好者的自学参考书。

图书在版编目(CIP)数据

计算机网络技术 / 王盟，杨宇超，孔瑞平主编. --西安：西安电子科技大学出版社，2023.6
ISBN 978-7-5606-6830-7

Ⅰ.①计⋯　Ⅱ.①王⋯　②杨⋯　③孔⋯　Ⅲ.①计算机网络　Ⅳ.①TP393

中国国家版本馆 CIP 数据核字(2023)第 044305 号

策　　划　秦志峰
责任编辑　秦志峰
出版发行　西安电子科技大学出版社(西安市太白南路 2 号)
电　　话　(029)88202421　88201467　　　邮　　编　710071
网　　址　www.xduph.com　　　　　　　　电子邮箱　xdupfxb001@163.com
经　　销　新华书店
印刷单位　陕西日报印务有限公司
版　　次　2023 年 6 月第 1 版　　　　　2023 年 6 月第 1 次印刷
开　　本　787 毫米 × 1092 毫米 1/16　　印　张　14.5
字　　数　341 千字
印　　数　1～2000 册
定　　价　43.00 元
ISBN 978-7-5606-6830-7 / TP
XDUP 7132001-1
如有印装问题可调换

前　言

随着计算机网络技术的飞速发展，我们生活的方方面面也发生了翻天覆地的变化。现今，网络已成为文化传播的重要载体，也成为社会经济、科技等方面发展的强力推手。可以说网络搭起了全球共享资源的桥梁，缩短了人与人之间的距离，加快了我们生活智能化的步伐，推动了信息化社会的高速发展。党的二十大报告提出"加快建设制造强国、质量强国、航天强国、交通强国、网络强国、数字中国""健全网络综合治理体系，推动形成良好网络生态""强化经济、重大基础设施、金融、网络、数据、生物、资源、核、太空、海洋等安全保障体系建设"等要求。让网络变得更安全、更稳定、更快捷，是从事网络技术开发、网络工程管理与运维、网络系统搭建与集成等工作的技术人员恒久不变的奋斗目标，也是网络使用者的不断追求。

"立足新时代新征程，中国青年的奋斗目标和前行方向归结到一点，就是坚定不移听党话、跟党走，努力成长为堪当民族复兴重任的时代新人。"这是习近平总书记对亿万青年的寄语，也是青年人肩负的时代使命。

本书特设"厉害了！我的国"模块，将国家网络发展、网络安全等思政元素与每个学习模块的技术、技能点进行有机结合，用习近平新时代中国特色社会主义思想武装青年头脑，并把党的二十大精神贯穿教育教学全过程，着力培养学生胸怀祖国、服务人民的爱国精神，勇攀高峰、敢为人先的创新精神，追求真理、严谨治学的求实精神，提升学生的综合职业素养，引导学生认识创新在我国现代化建设全局中的核心地位，理解科技作为国家发展战略支撑的重大意义，努力把科技自立自强信念自觉融入人生追求之中。

本书从计算机网络技术的实际应用出发，以真实企业网络案例为依托，充分将思想性、科学性、先进性和适用性融为一体，尽可能覆盖最新和最实用的网络技术，并且遵循网络技术技能人才的成长规律，通过从实际应用场景分析到技术理论阐述，再到网络实践设计和实施的完整过程，最终实现知识传授、技能积累和职业素养提升并重。

本书系统地介绍了计算机网络的发展与架构、网络模型、网络工程搭建与运维工作过程中常用协议的基本原理以及网络设备的配置方法等内容，共设 7 个学习模块，各学习模块安排如下：

学习模块一为企业网络架构介绍，主要介绍了计算机网络的基本概念及发展、常见企业网络架构、常见网络拓扑结构,实践完成常见企业网络架构分析和企业网络拓扑图绘制。

学习模块二为简单的 IP 网络,主要介绍了网络工程中常见的传输介质、网络参考模型、以太网数据帧的格式与分类,以及 IP 协议、ICMP 协议、ARP 协议、TCP 协议、UDP 协议的基础知识和工作原理,实践完成网线的制作,计算机 MAC 地址、IP 地址、ARP 缓存表的查阅与分析,简单网络的搭建,并抓获相关协议报文进行分析解读。

学习模块三为构建交换网络,主要介绍了常见交换机的分类及特性、交换机的交换行为,以及 STP 协议、RSTP 协议、VLAN 技术、交换机端口安全的基础知识、工作原理及配置方法,实践完成交换网络的搭建。

学习模块四为构建广域互联网,主要介绍了路由基础、静态路由、RIP 和 OSPF 的基础知识、工作原理及配置方法,实践完成广域互联网的搭建。

学习模块五为网络应用的实现,主要介绍了 VMware 虚拟机、DHCP 服务、FTP 服务和 Telnet 服务的基础知识、工作原理及配置方法,实践完成各种网络服务的配置。

学习模块六为提升网络效率与网络安全传输,主要介绍了链路聚合、NAT 技术和 VPN 技术的基础知识、工作原理及配置方法,实践完成相应网络的配置。

学习模块七为搭建无线局域网,主要介绍了无线局域网和无线网络 AC+AP 技术相关的基础知识、工作原理及配置方法,实践完成无线网络的搭建。

本书选用 eNSP 虚拟仿真软件进行网络搭建,选取华为技术有限公司的网络设备进行相关配置命令的讲解。本书的知识点、技能点侧重实际应用,适配"1+X 网络系统建设与运维职业技能"认证考试以及"华为认证网络工程师(HCIA)"证书考试,充分体现了专业人才职业素养养成和专业技能积累的规律,书中还融入了职业能力、职业素养和工匠精神,旨在为使用者适应未来网络通信相关工作岗位奠定坚实的基础。

本书的建议学时分配见下表。

学习模块名称		学时
学习模块一	企业网络架构介绍	4
学习模块二	简单的 IP 网络	10
学习模块三	构建交换网络	12
学习模块四	构建广域互联网	12
学习模块五	网络应用的实现	10
学习模块六	提升网络效率与网络安全传输	6
学习模块七	搭建无线局域网	10
合　计		64

王盟、杨宇超、孔瑞平担任本书主编，徐兰担任副主编，具体编写分工如下：王盟编写学习模块二和学习模块三；杨宇超、孔瑞平共同编写学习模块四、学习模块六和学习模块七；杨宇超、徐兰共同编写学习模块一和学习模块五。

由于编者水平有限，书中难免存在不妥之处，敬请各位读者批评指正。

编　者

2023 年 2 月

目　录

学习模块一
企业网络架构介绍

　　计算机网络技术是计算机技术与通信技术相结合的产物。随着计算机技术和通信技术的发展，计算机网络技术飞速地向前发展。如今，计算机网络已经成为存储、传播和共享信息的有力工具，以及交流信息的最佳平台，并已成为社会结构的一个基本组成部分。

　　人们通过计算机网络实现远程办公、异地交流、网上购物等；公司或企业通过计算机网络实现商业邮件的收发、企业资源的共享、公司业务的管理等。现今，政府机关、教育、医疗等各个领域均全力推进信息化服务建设，以服务为主导，应用计算机网络技术与通信技术，把管理和服务进行集成，借助网络技术实现工作的优化和重组，全方位地提供优质、规范、透明、符合国际水准的管理和服务，致力于服务社会与人民。

　　网络带给社会的革新是深远的。随着各种网络应用的发展，人们的工作效率得以提高；随着远程教育的发展，学习变得更加方便，终身教育成为可能；随着微博、聊天工具、网络游戏、虚拟社区等应用的发展，人们的生活增加了许多乐趣。计算机网络技术的迅速普及和企业的 IT 化发展促使社会对高级网络工程师的需求越来越大。企业需要专业人才为他们设计、架构、管理计算机网络并充分发挥其作用。另外，计算机编程已不再局限于过去的单机软件，形形色色的网络应用需求，例如办公自动化 OA 系统、远程教学、应用于各行各业的管理软件等，无不与计算机网络发生着紧密的联系。

以创新为基，政企协力，共建 21 世纪数字丝绸之路

　　2018 年 4 月 20 日至 21 日，党中央第一次召开全国网络安全和信息化工作会议。习近平总书记出席会议并发表重要讲话。会上，习近平总书记强调，我们必须敏锐抓住信息化发展的历史机遇。他指出，党的十八大以来，我们不仅走出了一条中国特色的治网之道，而且提出了一系列新思想、新观点、新论断，形成了网络强国战略思想。

　　以我国移动事业为例，1987 年，我国正式进入 1G 时代，"大哥大"的造型深入人心，但核心技术和标准被外企牢牢掌握；1994 年，2G 在我国落地，发送短信成为可能，手机越来越平民化；2009 年，工信部发放 3G 牌照，更高的带宽和更稳定的传输速度让移动互联成为现实，国产手机顺势而起；2013年，4G牌照如期而至，我国自主研发的TD-LTE标准得到了广泛使用，催生了移动支付、短视频等全新业态。在经历了"1G空白、2G跟随、3G突破、4G并跑"的不断努力后，华为在德国柏林消费电子展(IFA)上率先推出了全球首款旗舰5G SoC——麒麟990 5G。业内认为，在5G商用元年，我国不但拥有自己的通信标准、全面领先的5G SoC芯片，还能在第一时间获得出色的5G终端体验和丰富的互联网应用。5G对于中国而言，来之不易。"5G领先"一方面源于我国顶层设计的宏观布局，另一方面则来自企业层面的创新能力和先发优势。

【素质目标】

(1) 提升民族自豪感，培养家国情怀。

(2) 培养科学意识和创新思维。

任务一　企业网络架构概述

【知识目标】

(1) 了解网络的概念及发展。

(2) 了解企业网络的具体架构。

【能力目标】

能够分析企业网络的基本架构。

1. 网络的概念及发展

计算机网络就是将分布在不同地理位置、具有独立功能的多个计算机系统利用通信设备和通信线路互连起来，并通过功能完善的网络软件实现网络中资源共享和信息传递的系统。可以看出，一个计算机网络应包括如下4个要素：

(1) 多个具有独立功能的计算机系统(为用户提供服务和所要共享的资源)。

(2) 由各种通信设备和通信线路组成的通信子网。

(3) 功能完善的网络软件(为用户共享网络资源和传递信息提供管理和服务)。

(4) 实现资源共享和信息传递。

计算机网络出现至今，大体可分为四个阶段。

第一阶段——计算机网络的产生阶段。这个阶段的发展时期为20世纪50年代初到60年代中期。

计算机网络的雏形是面向终端的远程联机系统。20世纪50年代初，美国军方建立了半自动化的地面防空系统，该系统进行了计算机技术与通信技术相结合的尝试，它将远距离雷达和其他设备的信息通过通信线路汇集到一台计算机上，第一次实现了计算机远距离集中控制和人机对话。

这就是最早的计算机网络。它把地理位置上分散的多个终端通过通信线路连接到一台中心计算机上，用户在终端输入数据和程序(这些数据和程序通过通信线路传输到中心计算机上)，当用户分时访问和使用中心计算机的资源时，中心计算机进行信息处理并将处理结果通过通信线路送回用户终端，用户终端显示和打印这些结果。由于终端不具有独立处理能力，因此面向终端的远程联机系统并不是真正意义上的计算机网络，此时的计算机网络尚处于萌芽阶段。该阶段的主要特点是以主机为中心，面向终端，终端一般没有自主处理能力。

第二阶段——多标准共存的蓬勃发展阶段。这个阶段的发展时期为 20 世纪 60 年代末到 70 年代后期。

这一阶段的典型代表是 ARPANET(ARPA 的全称是美国国防部高级研究计划局)。1969年美国国防部高级研究计划局提出将多个大学、公司和研究所的多台计算机互连的课题，并建成了著名的远程分组交换式网络 ARPANET。最初，ARPANET 只有 4 台主机相连接，1973 年发展到 40 台主机相连接，1983 年已有 100 多台不同型号的大型计算机连接在网内，它横跨美国东西部地区，连接了美国主要的政府机构、科研部门、教育部门及财政金融部门，并通过卫星与其他国家实现了网际互联。ARPANET 是计算机网络技术发展的一个重要里程碑，它对推动计算机网络的发展具有深远意义。当时它已经能够将分布在不同地理位置且独立工作的计算机，利用通信线路和通信设备连接起来，彼此交换数据，传递信息，这不仅可以共享主机的资源，还可以共享其他用户的资源。

20 世纪 70 年代末，随着微型计算机应用的推广，微机联网的需求也随之增大，各种基于微机互连的局域网纷纷出台。这个时期，局域网系统的典型结构是在共享通信平台上的共享文件服务器结构，即为所有联网微机设置的一台专用的、可共享的网络文件服务器。每个微机用户的主要任务仍在自己的微机上进行，仅在需要访问共享磁盘文件时才通过网络访问文件服务器，这体现了计算机网络中各计算机之间的协同工作。这种基于文件服务器的网络对网内计算机进行了分工，微机面向用户，服务器专用于提供共享文件资源，所以它实际上就是一种客户机/服务器模式。

第三阶段——统一标准的互联网阶段。这个阶段的发展时期为 20 世纪 70 年代末到 80年代末。

ARPANET 第一次完整地实现了分布式资源共享，为计算机网络的发展奠定了基础，展现了计算机网络的优越性，促使许多国家开始组建规模较大的网络。同时，各大计算机公司和研制部门也都投入大量的人力、财力进行计算机网络体系结构的研究。1974 年，IBM公司率先提出了系统网络体系结构 SNA。1975 年，DEC 公司提出了面向分布式网络的数字网络体系结构 DNA。1976 年，UNIVAC 公司提出了分布式控制体系结构 DCA。其他国家和公司也纷纷提出自己的网络体系结构，其思想大同小异。同一体系结构的产品容易实现互联，不同体系结构的产品却很难实现互联。虽然这个时期出现的网络技术和标准种类很多，但在商业利益的驱动下，各公司都想使自己的技术成为工业生产标准，结果导致网络产品彼此互不兼容，不同公司的产品构建的网络很难或根本无法互通，用户一旦投资使用某家公司的产品就可能被套牢，换其他公司的产品就会导致以前的投资付诸东流。

为使不同体系结构的网络都能互联，国际标准化组织(ISO)于 1977 年成立了专门机构来研究和制定网络通信标准，以实现网络体系结构的标准化。国际标准化组织于 1984 年正式提出了一个能使各种计算机在世界范围内互联的开放系统互联参考模型 OSI/RM，从而使计算机网络体系结构实现了标准化。该参考模型为研究、设计、改造和实现新一代计算机网络系统提供了功能上和概念上的框架，是一个具有指导性的标准。至此，第三代计算机网络的新纪元开始了。这一阶段是计算机网络发展的成熟阶段。

第四阶段——信息高速公路阶段。这个阶段的发展时期为 20 世纪 80 年代至今。

从 20 世纪 80 年代末开始，计算机技术、通信技术及建立在互联网技术基础上的计算机网络技术得到了迅猛发展。多媒体网络及宽带综合业务数字网(B-ISDN)的开发和应用、智能网的发展、分布式计算机系统的研究，以及相继出现的百兆、千兆、万兆高速以太网技术，快速分组交换技术，光纤宽带网络技术等一系列新技术，都促进了计算机网络的飞速发展，使计算机网络技术进入了一个崭新的阶段。目前，全球以 Internet 为核心的高速计算机互联网络已经形成，Internet 已经成为人类最重要的、最大的知识宝库。

值得一提的是，国际标准化组织制定的 OSI 七层模型的目的是使计算机网络世界有一个统一的标准，网络生产厂商也认识到统一网络技术标准的好处，即可以打破封闭网络的束缚，为网络产品带来更大的市场空间。进入 20 世纪 90 年代，国际标准化组织的这些努力其效果并不明显，而这时的 ARPANET 经过 20 多年的发展已经具有较大的规模，并更名为 Internet。1990 年美国军方宣布关闭 ARPANET，同时政府允许私营公司经营 Internet 主干网。

第四代计算机网络的特点是网络高速化和业务综合化。网络高速化有两个特征：网络宽频带和传输低延迟。使用光纤等高速传输介质和高速网络技术，可实现网络的高速率；快速交换技术可保证传输的低延迟。网络业务综合化是指一个网络综合了语音、视频、图像、数据等多媒体信息，它的实现依赖于多媒体技术。

进入 21 世纪，计算机网络一直向着综合化、宽带化、智能化和个性化方向发展。信息高速公路概念的提出向人们展示了信息化社会的美好前景，它为用户提供音频、视频、图形图像、数据和文本等综合服务。

在 20 世纪的最后几年中，人们惊喜地发现，电话、收音机、电视机以及计算机和通信卫星等正在迅速融合，信息的获取、存储、处理和传输之间的"孤岛现象"随着计算机网络和多媒体技术的发展而逐渐消失，曾经独立发展的电信网络、电视网络和计算机网络正在不断融合(三网融合)，新的信息产业正以强劲的势头迅速崛起。现今已实现了由"三网融合"到真正的"三网合一"。

2. 企业网络概述

企业网络即为帮助企业实现资源存储、共享、管理等功能的网络互联系统。当今，企业网络已融入各行各业，包括政府、教育、金融、智能生产等行业或机构。企业网络应用如图 1.1 所示。其中，针对很多传统企业或行业，企业网络更是促进企业信息化转型、产业转型的强力推手。

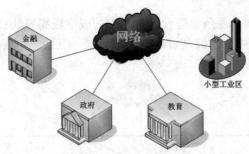

图 1.1　企业网络应用

3. 企业网络架构概述

随着社会的不断进步，企业也在根据需求进行适配性转型，相应的业务也在不断地变化。企业网络只有不断优化，不断革新，才能满足企业的现实需求。现今，网络技术已逐步融合进企业构架之中。企业架构是针对企业信息管理系统中具有体系的、普遍性的问题而提出的通用解决方案。更确切地说，企业架构采用基于业务导向和驱动的架构来理解、分析、设计、构建、集成、扩展、运行和管理信息系统。

有效的企业架构对企业的生存和发展具有决定性作用，网络技术融入有效的企业架构之中，已成为企业获得竞争优势不可或缺的手段。因此，了解企业网络架构是十分必要的。

企业的业务需求是建立相应企业网络架构的主导因素。常见的企业网络架构包括扁平化企业网络架构和层次化企业网络架构两种。

扁平化企业网络架构适用于对网络终端设备需求较少、对网络要求不高的小型企业，图 1.2 所示为某小型企业网络架构。使用扁平化企业网络架构能够满足其基本业务需求，并具有灵活性强、建设成本和维护成本低等优点，但同时也具有可靠性不高、网络缺少冗余链路、扩展性不强等缺点。

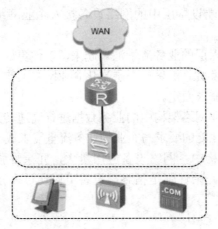

图 1.2　小型企业网络架构

层次化企业网络架构通常应用于对网络要求较高的企业。大部分大型企业均采用层次化企业网络架构。这是因为大型企业基本都有企业架构复杂、企业规模大、业务范围广、业务量大等特点。层次化企业网络架构通过划分多个层次结构，有效规划每个层次的主要任务，使各层次之间协同作用，同时也可以进行有效隔离，最终保障企业的日常业务运营需求。层次化企业网络架构具备网络可靠性较高、安全性较高、可管理性强、扩展性好等优点，但同时具备网络架构复杂、建设成本和维护成本较高等缺点。常见的层次化企业网络架构如图 1.3 所示，其中包含终端设备层、接入层、汇聚层和核心层。

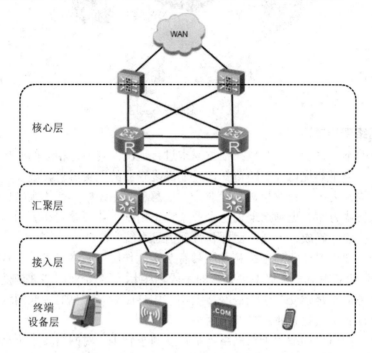

图 1.3 大型企业网络架构

终端设备层主要放置、连接、使用终端网络设备，如台式电脑、平板设备、网络电话 IP、无线设备 AP 等。

接入层的作用是将终端设备层中的网络设备接入企业网络。接入层的常用设备为交换机。

汇聚层的作用是将接入层的业务流量汇聚起来，以便更好地对业务数据进行控制。汇聚层的常用设备为核心交换机。汇聚层在层次化企业网络架构中不是必须存在的，主要依据企业业务流量控制管理需求而定。

核心层的作用是将企业网络架构中的业务数据进行高速转发、处理。核心层的常用设备为路由器，此层对设备性能的要求与企业的业务流量需求成正比。

在层次化企业网络架构中，网络设备应用量大，冗余性强，多使用冗余链路来确保网络的可用性和稳定性。冗余性强是指终端设备可以通过多条不同的链路进行业务流量的收发。

实践 做一做

请说明图 1.4 所示的某企业网络架构的类型，并识别出网络架构中所应用的所有网络设备，如果本企业为层次化企业网络架构，请分析各层次的作用。

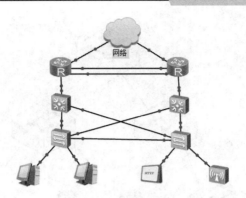

图 1.4　某企业网络架构

任务二　网络拓扑图绘制

【知识目标】

(1) 掌握企业网络拓扑图的基本类型。

(2) 掌握网络拓扑图的绘制方法。

【能力目标】

(1) 能够分析企业网络的基本类型。

(2) 能够使用 Visio 软件绘制企业网络拓扑图。

1. 企业网络拓扑结构的分类

企业网络按照拓扑结构进行分类，基本可以分为。总线拓扑、星型拓扑、环形拓扑、树型拓扑和网状拓扑。其中树型拓扑和网状拓扑较为常用。

各种拓扑的优缺点如表 1.1 所示。其中，树型拓扑结构图如图 1.5 所示，网状拓扑结构图如图 1.6 所示。

表 1.1　各种拓扑的优缺点

拓扑类型	优　点	缺　点
总线拓扑	费用较低，易于扩展，线路的利用率高	可靠性不高，维护困难，传输效率低
星型拓扑	可靠性高，方便管理，易于扩展，传输效率高	线路利用率低，中心节点需要很高的可靠性和冗余度
环形拓扑	可靠性高，方便管理，易于扩展，传输效率高	线路利用率低，中心节点需要很高的可靠性和冗余度
树型拓扑	成本低，易于扩充，管理较方便，故障隔离较容易	根节点依赖性大，如发生故障，则全网不能正常工作
网状拓扑	可靠性高，易于扩充，组网灵活	费用高，结构复杂，维护困难

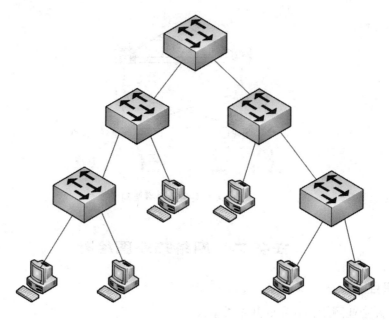

图 1.5　树型拓扑结构图

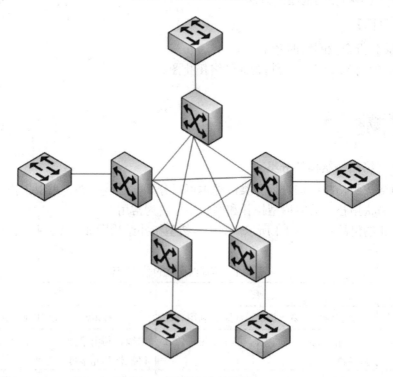

图 1.6　网状拓扑结构图

2. 网络拓扑图的绘制

　　网络拓扑图作为一种信息表达的方式，有着文字不可代替的作用。在企业网络的学习、设计和实施中，都需要读图和画图。计算机中有很多绘制网络拓扑图的工具，Visio 软件是其中之一。

使用 Visio 软件绘制网络拓扑图的基本步骤如下：

(1) 打开 Visio 软件选择绘图类型(网络)。Visio 图标如图 1.7 所示。

(2) 新建文件，选择"网络"→"详细网络图"，如图 1.8 所示。打开后的新建网络拓扑图绘制界面，如图 1.9 所示。

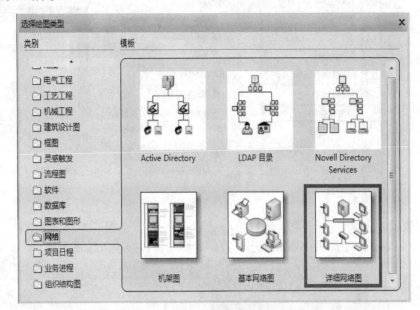

图 1.7　Visio 图

图 1.8　详细网络图

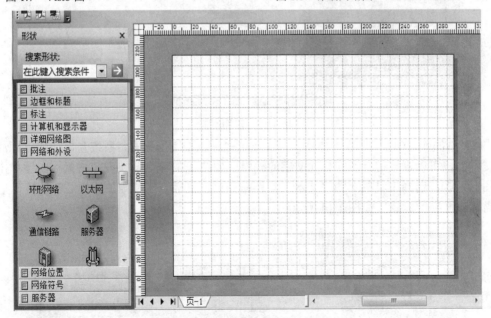

图 1.9　新建网络拓扑图绘制界面

(3) 设置绘图页页面，选择"文件"→"页面设置"，如图 1.10 所示。在"页面设置"工作栏中包含了 6 个设置栏(打印设置、页面尺寸、绘图缩放比例、页属性、布局与排列、阴影)，如图 1.11 所示。

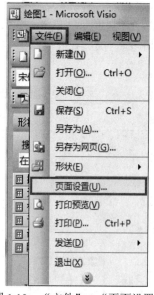

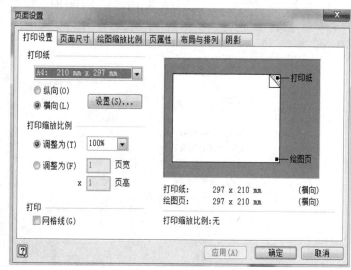

图 1.10 "文件"→"页面设置"　　　　　　　　图 1.11 页面设置框

(4) 在绘图页中添加图形。按住鼠标左键直接拖入绘图页即可,如图 1.12 所示。

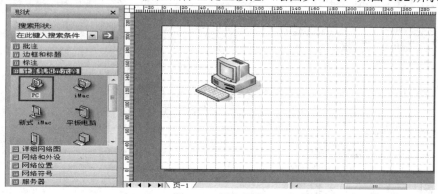

图 1.12 添加图形

(5) 添加或编辑图形元素的标注文字。方法 1:双击图形元素,系统会自动弹出标注文字文本框,可以直接进行所需标注文字的编辑,如图 1.13 所示。方法 2:鼠标左键单击选中图形元素,选择工具栏上的"文本工具"命令后,鼠标点击所需放置标注的位置,进行所需标注文字的编辑,如图 1.14 所示。

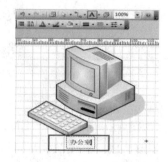

图 1.13 双击图形编辑标注文字　　　　　图 1.14 使用文本工具编辑标注文字

(6) 图形元素之间的连接。鼠标选择"连接线工具"连线之后，即可在绘图页面上进行图形元素连接，如图 1.15 所示。注意：在进行图形元素的连接后，鼠标左键单击"指针工具"即可回到选择图形元素的状态，如图 1.16 所示。

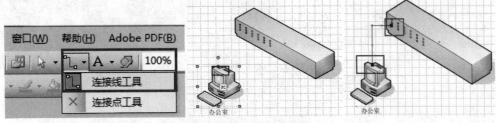

图 1.15　连接图形元素

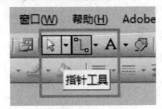

图 1.16　指针工具

(7) 保存拓扑图文件，格式为 .vsd，如图 1.17 所示。

图 1.17　网络拓扑图文件

1. 网络拓扑图绘制实践 1

一个公司租用了写字楼的两层，5 个部门，工程部和技术部在一层，每个部门有 10 个信息点，市场部、总务部、财务部在二层，共 15 个信息点。

请你绘制出工程部与核心交换机、防火墙、路由器等部分的网络拓扑图。实践 1 参考拓扑图，如图 1.18 所示。实践任务要求如下：

(1) 绘制页面大小为 A4。

(2) 每个元素都有标注。

(3) 信息点使用……代替即可。

(4) 避免出现连接线交叉、图形重叠现象。

(5) 拓扑图文件输出格式为 .vsd。

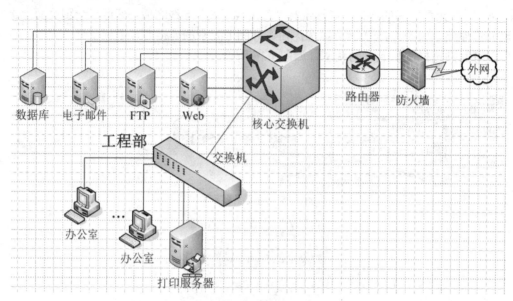

图 1.18　实践 1 参考拓扑图

2. 网络拓扑图绘制实践 2

一个公司租用了写字楼的两层，5 个部门，工程部和技术部在一层，每个部门有 10 个信息点，市场部、总务部、财务部在二层，共 15 个信息点。

你已经绘制出工程部与核心交换机、防火墙、路由器等部分的网络拓扑图，请你绘制出公司技术部与核心交换机、防火墙、路由器等部分的网络拓扑图。

一、简答题

1. 计算机网络基本包含哪些要素？

2. 计算机网络的发展经历了哪些主要阶段？

3. 什么是计算机网络？

4. 小型企业网络和大型企业网络的组网有什么差别？

5. 大型企业网络设计的基本思想是什么？如何判断网络的质量？

二、选择题

1. 下列属于树型拓扑计算机网络缺点的是(　　　)。

A. 成本低　　　　　B. 易于扩充　　　　　C. 根节点依赖性大　　　D. 管理较方便

2. 下列属于计算机网络资源共享的是(　　　)。

A. 企业信息管理自动化

B. 分布式操作系统管理

C. 电子邮件、虚拟社区

D. 打印、传真共享服务

3. 计算机网络的主要功能包括(　　　)。

A. 对分散对象的实时、集中控制与管理功能

B. 资源共享功能

C. 均衡负荷与分布式处理功能

D. 综合信息服务功能

4. 以下(　　　)不是计算机网络上可共享的资源。

A. 文件　　　　　　　B. 打印机　　　　　　　C. 内存　　　　　　　D. 应用程序

5. 建立一个计算机网络需要网络硬件设备和(　　　)。

A. 拓扑结构　　　　　　　　　　B. 用户资源子网

C. 网络软件系统　　　　　　　　D. 网络管理员

6. 下列(　　　)不属于计算机网络硬件系统。

A. 终端　　　　　　　B. 网卡　　　　　　　C. 声卡　　　　　　　D. 调制解调器

简单的 IP 网络

网络是指由多个节点和连线所组成的一个互联系统。在人们的日常生活中，网络无处不在，如人际关系网、商贸交易网、交通网等，当然还有计算机网络。

计算机网络可以简单地理解为由计算机通过特定传输介质遵循相应网络协议而组成的可以交换信息、共享资源的互联系统。在计算机网络中，每台计算机都具有独立计算功能，相互之间没有主从关系，同时可以实现相互传输、共享信息资源。

按照计算机网络传输介质的种类，我们可以将其分为有线网络和无线网络，其中有线网络的传输介质主要包括同轴电缆、双绞线、光纤；而按照计算机网络传播范围的大小，我们也可以简单地将其分为局域网和广域网。

局域网的网络传输范围较小，可以覆盖一座或几座大楼、一个校园或者一个工业园区，也可以是覆盖几间教室、办公室的小范围计算机网络。虽然计算机网络具有多样性、复杂性，但由 2 台计算机和 1 根双绞线就能组成一个最简单的局域网。

广域网的网络传输范围较大，就是我们俗称的因特网。

随着网络技术的不断进步，各种各样的智能设备层出不穷，如计算机、网络打印机、网络电话、智能手机、智能家居设备等。这些智能设备接入网络，想要实现网络通信，还必须遵循相应的通信协议。网络通信协议规定了网络设备之间相互通信的标准，终端设备只有遵循统一的通信协议才能实现网络资源传输与共享。

厉害了！我的国

协议为领，安全为要，共建网络强国

北京市政府于 2014 年正式批准设立 4 月 29 日为网络安全日。

随着互联网的不断发展，我们越来越认识到，网络是一把"双刃剑"，在给人们工作、生活带来便利的同时，其某些有害信息的消极作用，对国家安全和社会稳定的负面影响也日益凸显。因此，网络安全成为我国网络建设的重中之重，而网络通信协议是一种安全协议，目的是为互联网通信提供信息安全及数据完整性保障。

随着国际上围绕信息的获取、使用和控制的斗争愈演愈烈，信息安全成为维护国家安全和社会稳定的一个焦点，各国都给以极大的关注和投入。网络信息安全已成为亟待解决、影响国家大局和长远利益的重大关键问题，它不但是发挥信息革命带来的高效率、高效益的有力保证，而且是抵御信息侵略的重要屏障。信息安全保障能力是 21 世纪综合国力、经济竞争实力和生存能力的重要组成部分，是世纪之交世界各国都在奋力攀登的制高点。信息安全问题全方位地影响我国的政治、军事、经济、文化、社会生活的各个方面，如果解决不好，将使国家处于信息战和重大经济金融风险的威胁之中。

习近平总书记多次提到，没有网络安全，就没有国家安全，就没有经济社会稳定运行，广大人民群众的利益也难以得到保障。网络安全和信息化是事关国家安全和国家发展、事关广大人民群众工作生活的重大战略问题，我们要从国际国内大势出发，总体布局，统筹各方，创新发展，努力把我国建设成为网络强国。

【素质目标】

(1) 提升网络安全意识和国家安全意识。

(2) 培养科学发展观和创新思想。

任务一　传输介质简介

【知识目标】

(1) 了解网络传输介质的分类。

(2) 掌握不同网络传输介质的特点。

【能力目标】

(1) 能够掌握网络传输介质的有效传输距离。

(2) 了解网线测试仪的使用。

(3) 能够依据企业网络的实际搭建场景，选取适当的网络传输介质。

知识学习

计算机有线网络是由网络设备及其物理连线构成的，这些物理连线就是网络的传输介质，其中包括同轴电缆、双绞线和光纤等。不同种类的传输介质在有效传输距离和最大传输速度方面具有不同的特性，对网络通信效果有着不同的影响。

1. 同轴电缆

同轴电缆由一个位于中心的铜质导线或多股绞合线外包一层绝缘皮，再包上一层金属网状编织的屏蔽层以及塑料外层而形成。同轴电缆结构如图 2.1 所示。金属网状编织的屏蔽层使同轴电缆具备了较好的抗干扰能力。

图 2.1　同轴电缆的结构

同轴电缆是一种早期使用的传输介质。由于它支持的传输速率较慢，现已无法满足企业对网络传输速率的要求，所以几乎不再使用其搭建企业网络，偶尔可在监控通信系统中见到同轴电缆的身影。同轴电缆具备 2 种以太网标准，分别为 10BASE2 和 10BASE5。具体不同标准的同轴电缆其特性如表 2.1 所示。

注意，由于同轴电缆的结构较为复杂，所以连接同轴电缆的连接器的结构及其制作工艺也较为复杂，成本较高。

表 2.1   不同种类同轴电缆的特性

同轴电缆	以太网标准	传输速率	最长有效传输距离
粗同轴电缆	10BASE2	10 Mb/s	500 m
细同轴电缆	10BASE5	10 Mb/s	185 m

2. 双绞线

双绞线连接上相应型号的水晶头连接器就是人们常说的网线，如图 2.2 所示。

顾名思义，双绞线是把两根互相绝缘的铜导线并排放在一起，然后用规则的方法绞合起来而构成的，这种绞合可以减少对相邻导线的电磁干扰。通常将一定数量的这种双绞线捆成电缆，在其外面包上硬的护套构成双绞线电缆，如图 2.3 所示。与同轴电缆相比，双绞线具有更低的制造和部署成本，性价比更高，因此在企业网络中被广泛应用。

图 2.2   网线的实物图   图 2.3   双绞线的实物图

依据双绞线的屏蔽效果，可将双绞线分为屏蔽双绞线(STP)和非屏蔽双绞线(UTP)。

屏蔽双绞线在双绞线与外层绝缘封套之间再加上一个用金属丝编织成的屏蔽层，可以有效屏蔽电磁干扰。普通的非屏蔽双绞线电缆是由不同颜色的 4 对 8 芯线组成的，每两条按一定规则交织在一起，成为一对线。

双绞线按电气性能通常被分为 3 类、4 类、5 类、超 5 类、6 类、超 6 类双绞线等类型，数字越大，技术越先进，带宽也越宽，价格也越贵。不同类型的双绞线的特性也不同，如表 2.2 所示。目前在局域网中常见的是 5 类、超 5 类、6 类非屏蔽双绞线。

表 2.2   不同种类双绞线的特性

双绞线	以太网标准	传输速率	最长有效传输距离
两对 3/4 类双绞线	10BASE-T	10 Mb/s	100 m
两对 5 类双绞线	100BASE-TX	100 Mb/s	100 m
四对 5e 类双绞线	1000BASE-T	1000 Mb/s	100 m

与双绞线相接的是 RJ-45 连接器，俗称"水晶头"。双绞线的两端必须都安装 RJ-45 连接器，以便插在计算机、交换机和路由器等网络设备的 RJ-45 接口上。RJ-45 的实物图如图 2.4 所示。

图 2.4 RJ-45 连接器的实物图

为保证终端能够正确收发数据,双绞线必须按照一定的线序排列并与 RJ-45 接头中的针脚相连。双绞线在使用时的颜色顺序分成 EIA/TIA568-A 和 EIA/TIA568-B 两种,简称 T568-A 和 T568-B,如图 2.5 所示。我们目前普遍采用的是 EIA/TIA568-B 标准,这也是当前公认的 10BASE-T 及 100BASE-TX 双绞线的制作标准。

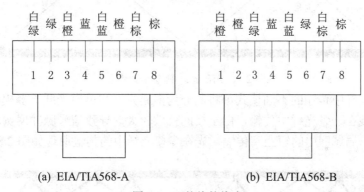

(a) EIA/TIA568-A (b) EIA/TIA568-B

图 2.5 双绞线的线序

3. 光纤

光导纤维,简称光纤,是目前发展最为迅速、应用最为广泛的传输介质,它是一种能够传输光束的、细而柔软的通信介质。双绞线和同轴电缆传输的是电信号数据,而光纤传输的是光信号数据。光纤通常是将石英玻璃拉成细丝后由纤芯和包层构成的双层通信圆柱体,其结构一般是双层的同心圆柱体,中心部分为纤芯,光纤实物图如图 2.6 所示。

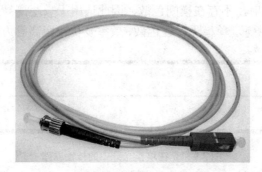

图 2.6 光纤的实物图

光是如何在光纤中传播的呢?可使用模式理论或射线理论进行分析。模式理论把光波当作电磁波,把光纤看作光波导,用电磁场分布的模式来解释光在光纤中传播的现象,这种理论相当于微波波导理论,但光纤属于介质波导,与金属波导管有所区别。射线理论把光看作射线,引用几何光学中反射和折射的原理解释光在光纤中传播的物理现象。

经对比可知,模式理论比较复杂,一般用射线理论来解释光在光纤中的传输。光纤的纤芯用来传导光波,包层有较低的折射率。当光线从高折射率的介质射向低折射率的介质时,其折射角将大于入射角。因此,如果折射角足够大,就会出现全反射,光线碰到包层时就会折射回纤芯,这个过程不断重复,光线就会沿着光纤传下去,如图2.7所示,光纤就是利用这一原理传输信息的。

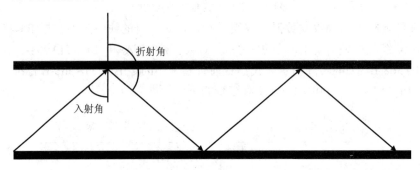

图 2.7　光在光纤中的传输原理

按照光在光纤中传输的不同模式可将其分为多模光纤和单模光纤。多模光纤允许入射角度不同的光线在一条光纤中传输,由于模间色散较大,导致信号脉冲展宽严重,因此多模光纤主要用于局域网中的短距离传输。光在多模光纤中的传输原理如图2.8所示。

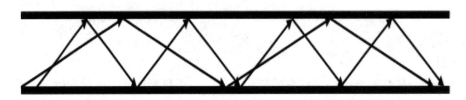

图 2.8　光在多模光纤中的传输原理

单模光纤只允许传输一种模式的光波,光纤就像一个波导一样,可使得光线一直向前传播,而不会有多次反射,不存在模间色散,因此适用于长距离高速传输。光在单模光纤中的传输原理如图2.9所示。单模光纤在色散、效率及传输距离等方面都要优于多模光纤。

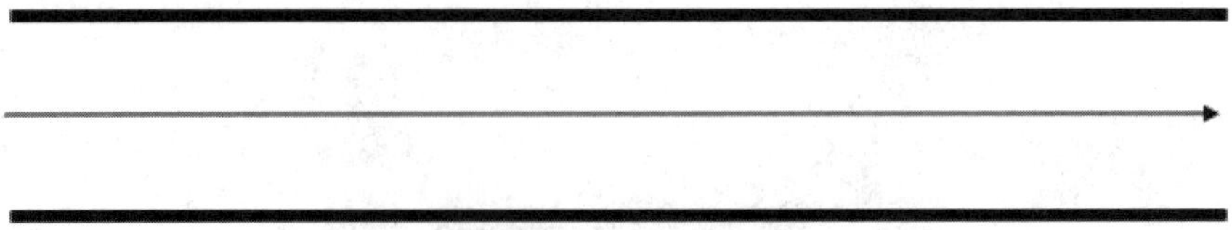

图 2.9　光在单模光纤中的传输原理

光纤具有频带宽、传输速率高、传输距离远、抗冲击和抗电磁干扰性能好、数据保密性好、损耗和误码率低、体积小、重量轻等优点。不同类型的光纤所具备的特性不同,如表2.3所示。

表2.3 不同类型光纤的特性

光 纤	以太网标准	传输速率	最长有效传输距离
单模/多模光纤	10BASE-F	10 Mb/s	2000 m
单模/多模光纤	100BASE-FX	100 Mb/s	2000 m
单模/多模光纤	1000BASE-LX	1000 Mb/s	316 m
多模光纤	1000BASE-SX	1000 Mb/s	316 m

光纤所能提供的带宽非常高，从 10 Mb/s 到 10 Gb/s 甚至更高。但它也存在连接和分支困难、工艺和技术要求高、需要配备光电转换设备、单向传输等缺点。由于光纤是单向传输的，因此要实现双向传输，就需要 2 根光纤或 1 根光纤上有 2 个频段。光纤连接器种类很多，常用的连接器包括 ST、FC、SC、LC 连接器，如图 2.10 所示。

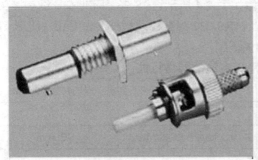

(a) ST 连接器   (b) FC 连接器

(c) SC 连接器   (d) LC 连接器

图 2.10 常用光纤连接器的实物图

光纤本身比较脆弱，易断裂，直接与外界接触易产生接触伤痕甚至会折断，因此在实际通信线路中，一般都是把多根光纤组合在一起，形成不同结构形式的光缆。随着通信技术的不断发展，光缆的应用越来越广，种类也越来越多。按用途不同光缆分为中继光缆、海底光缆、用户光缆、局内光缆、专用光缆、军用光缆等；按结构不同，光缆分为层绞式、单元式、带状式和骨架式光缆等。

4. 串口电缆

串口电缆是企业网络搭建中常用的传输介质之一，有 V.24 接头和 V.35 接头两种类型，实物图如图 2.11 所示。

(a) V.24 接头   (b) V.35 接头

图 2.11　串口电缆的实物图

不同类型串口电缆的网络特性不同，具体如表 2.4 所示。RS-232 标准本身没有接头定义，V.24 接头是 RS-232 标准的欧洲版。现在，RS-232 标准已逐渐被 FireWire、USB 等新标准取代，新产品和新设备已普遍使用 USB 标准。

表 2.4　不同类型串口电缆的网络特性

串口电缆	标准	传输速率	最长有效传输距离
V.24 接头串口电缆	RS-232	1.2～64 kb/s	6 m
V.35 接头串口电缆	RS-422/RS-485	1.2 kb/s～2.048 Mb/s	1200 m

实践 做一做

请你按照双绞线的制作步骤进行练习，具体制作方法与流程如下所示。

(1) 剥线。用压线钳剪线刀口将线头剪齐，再将双绞线端头伸入剥线刀口，线头长度留约 1.4 cm，初学者可将线头留得长一些，以备剪齐线头时留出余量，然后适当握紧压线钳手柄，同时慢慢旋转双绞线，让刀口划开双绞线的保护皮，取出端头，从而剥下保护皮。剥线如图 2.12 所示。

图 2.12　制作双绞线之剥线示意图

(2) 理线。双绞线由 8 根有色导线两两绞合而成，先将其散开，从左往右按白橙、橙、白绿、蓝、白蓝、绿、白棕、棕色的线序平行排列，用剪线刀口将其前端修齐。理线如图

2.13 所示。

注意：绿色线应该绕过蓝色线。这里最容易犯错的地方就是将白绿线与绿线相邻放在一起，这样会造成串扰，使传输效率降低。

(3) 插线。一只手捏住水晶头，将水晶头有弹片的一侧向下，另一只手捏住双绞线，稍稍用力将排好序的双绞线平行插入水晶头的线槽中，8 条导线顶端应插入线槽顶端。线头顶住水晶头的顶端，卡榫压住外保护皮。插线如图 2.14 所示。

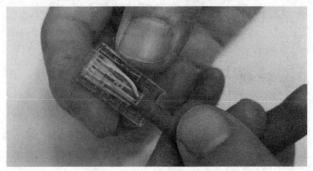

图 2.13　制作双绞线之理线示意图　　　　图 2.14　制作双绞线之插线示意图

(4) 压线。确认所有导线都顶到位后，将水晶头放入压线钳夹槽中，用力捏几下压线钳，压紧线头即可。压线如图 2.15 所示。

(5) 测线。双绞线制作好之后，还不能保证网线是通的，需要用网络测试仪进行检测。网络测试仪的指示灯亮代表通路，不亮代表断路。直接连通的双绞线其两端的亮灯顺序应当是相同的。双绞线的连通测试如图 2.16 所示。

图 2.15　制作双绞线之压线示意图　　　　图 2.16　制作双绞线之测线示意图

任务二　以太网帧结构

【知识目标】

(1) 掌握 OSI 参考模型(七层模型)的组成。

(2) 掌握 TCP/IP 参考模型(四层模型)的组成。

(3) 了解以太网帧的结构。

【能力目标】

(1) 能够阐述 OSI 参考模型及其各层的意义。

(2) 能够阐述 TCP/IP 参考模型及其各层的意义。

(3) 能够识别单播帧、组播帧和广播帧。

知识 学习

如果要保障一个计算机网络的可靠传输,除了需要网络设备及传输介质外,还需要所有网络设备遵循一定的网络通信协议。现今应用最普遍的以太网遵循的网络通信协议为电气与电子工程师协会(IEEE)制定的 IEEE 802.3 技术标准。以太网在传输过程中传输、管理和控制的数据是数据帧。学习并理解网络通信协议对设计、搭建及部署企业网络是非常必要的。随着计算机网络技术的发展,出现了网络分层模型的概念,其中 OSI 参考模型和 TCP/IP 参考模型的应用最为广泛。

1. OSI 参考模型

OSI 参考模型又称为七层模型。1977 年,国际标准化组织(ISO)在分析已有计算机网络的基础上,考虑到联网的方便性和灵活性等要求,提出了一种不基于特定机型、操作系统或公司的网络体系结构,即开放系统互联参考模型(Open System Interconnection,OSI)。OSI 参考模型定义了一种计算机网络通信的标准框架,为连接分散的"开放"系统提供了基础。这里的"开放"表示任何两个遵守 OSI 标准的系统可以进行互联。

OSI 参考模型将网络通信过程划分为 7 个相互独立的功能层次,并为每个层次制定一个标准框架。OSI 参考模型的 7 个层次由低到高分别为物理层、数据链路层、网络层、传输层、会话层、表示层和应用层。其中,物理层为第一层,应用层为第七层,每层的顺序不能更换。OSI 参考模型如图 2.17 所示。

在 OSI 参考模型中,物理层、数据链路层和网络层称为低三层,其主要任务是创建网络通信链路,保障网络通信有序进行;传输层、会话层、表示层和应用层称为高四层,其主要任务是实现终端设备到终端设备的网络通信。其中,每一层均直接为上一层服务。

OSI 参考模型具有兼容不同网络设备、运用标准化工作方式简化相关网络操作、系统结构分层设计、易于学习和掌握等优点。OSI 参考模型的每一层都具备特定的基本功能,具体如表 2.5 所示。

| 应用层 |
| 表示层 |
| 会话层 |
| 传输层 |
| 网络层 |
| 数据链路层 |
| 物理层 |

图 2.17 OSI 参考模型

表 2.5　OSI 参考模型各层的基本功能

OSI 参考模型的各层	名称	基 本 功 能
第一层	物理层	传输二进制数据比特流,可规定接口的电缆针脚、电平和速度
第二层	数据链路层	将比特流转变为数据帧,结合链路层地址信息来进行链路差错检测
第三层	网络层	将数据帧转变为数据包,结合网络层地址(IP 地址)来帮助路由器规划网络路径
第四层	传输层	建立可靠的端到端通信,并对其进行维护和管理,包括进行重传前的差错检测
第五层	会话层	建立网络通信会话链接,并对其进行维护和管理
第六层	表示层	对应用层数据进行格式化、编码、译码等操作,确保数据在不同系统中被有效识别
第七层	应用层	OSI 参考模型的最高层、最靠近用户的一层,为应用程序提供网络服务

1) 物理层

物理层是 OSI 参考模型的最底层(第一层),也是最基础的一层,它并不是指连接计算机的具体的物理设备或传输介质。它向下是物理设备之间的接口,直接与传输介质相连接,可规定接口的电缆针脚、电平和速度,将二进制数据比特流通过该接口从一台网络设备传递给相邻的另一台网络设备,向上为数据链路层提供二进制数据比特流传输服务。

2) 数据链路层

数据链路层是 OSI 参考模型的第二层,它把物理层传递来的二进制比特流信号转换为数据帧,即把物理层传来的原始"1""0"数据打包成数据帧,并负责数据帧在计算机之间进行无差错的传输。数据链路层的主要作用是控制网络层和物理层之间的通信。例如在以太网中,结合 MAC 地址信息,它负责数据链路信息从源地址传输到目的地址的传输与控制,包括链接的建立、维护和断开,异常情况的处理,差错的控制与恢复,检测和校正物理层可能出现的差错,使两个系统之间构成一条无差错的链路。在不太可靠的物理链路上,它通过数据链路层协议实现可靠的数据传输。数据链路层传输的基本单位是数据帧,它主要的网络设备为交换机。

3) 网络层

网络层是 OSI 参考模型的第三层,它把数据链路层传递来的数据帧转换为数据包(IP 数据包),并依据网络层逻辑地址(IP 地址)和相应路由协议使路由器规划出从源地址到目的地址的最优网络数据传输路径。

4) 传输层

传输层是 OSI 参考模型的第四层,它是会话层与网络层的接口和桥梁,它是 OSI 参考模型中比较特殊的一层,同时也是整个网络体系结构中十分关键的一层。设置传输层的主要目的是建立可靠的端到端通信,并对其进行维护和管理,包括进行重传前的差错检测。

5) 会话层

会话层是 OSI 参考模型的第五层。会话是指在两个会话用户之间为交换信息而按照某种规则建立的一次暂时联系。会话可使一个终端登录到远程计算机，进行文件传输或其他应用。会话层位于传输层和表示层之间，它利用传输层提供的端到端数据传输服务，实施服务请求者与服务提供者之间的通信(属于进程间通信的范畴)。会话层为会话活动提供组织和同步所必需的手段，为数据传输提供控制和管理。

6) 表示层

表示层是 OSI 参考模型的第六层，它为应用层提供服务，该服务层处理的是通信双方之间的数据表示问题。在网络中，对通信双方的计算机来说，一般有其自己的内部数据表示方法，其数据形式常具有复杂的数据结构，它们可能采用不同的代码、不同的文件格式等。为使通信双方能相互理解所传送信息的含义，表示层需要把应用层数据进行格式化、编码、译码等操作，以确保数据在不同系统中被有效识别。

7) 应用层

应用层是 OSI 参考模型的最高层(第七层)，它为用户的应用程序访问 OSI 环境提供网络服务，是最靠近用户的一层。OSI 关心的主要是进程之间的通信行为，因而它只保留了应用进程之间的部分交互行为。这种现象实际上是对应用进程某种程度上的简化。应用层可提供许多低层不支持的功能。

在 OSI 参考模型应用网络中，各个计算机系统都有相同的层次结构，每层对应的实体之间都通过各自的协议进行通信，不同系统的相应层次具有相同的功能，同一系统的各层次之间通过接口联系。OSI 参考模型的每一层都具有独立的功能，并且每一层只和其相邻层存在接口，可以进行数据通信。OSI 参考模型中的每一层的真正功能是为其上一层提供服务。例如，N + 1 层对等实体间的通信是通过 N 层提供的服务来完成的，而 N 层的服务则要使用 N − 1 层及其更低层提供的功能服务。OSI 参考模型的最高层(应用层)为网络应用程序提供网络通信服务，是网络应用程序和 OSI 参考模型的接口。OSI 参考模型的最底层(物理层)把网络数据转换成电信号发送到网络上，是 OSI 参考模型和网络的接口。OSI 参考模型网络通信示意图如图 2.18 所示。

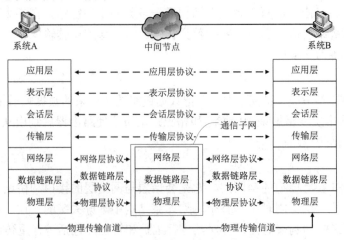

图 2.18　OSI 参考模型网络通信示意图

OSI 参考模型每一层处理的数据是不一样的。我们把每一层协议处理数据的单位叫作协议数据单元(Protocol Data Unit，PDU)。物理层的 PDU 是比特流(Bit)，数据链路层的 PDU 是数据帧(Frame)，网络层的 PDU 是数据包(Packet)，传输层的 PDU 是数据段(Segment)，其他更高层次的 PDU 是数据(Data)。OSI 参考模型的数据封装过程如图 2.19 所示。

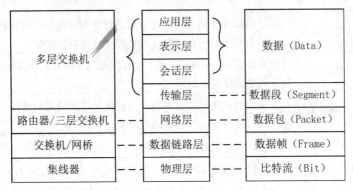

图 2.19 OSI 参考模型的数据封装过程

2. TCP/IP 参考模型

TCP/IP 参考模型又称为四层模型，它是工业界标准的协议组，为跨越局域网和广域网的大规模互联网络而设计。TCP/IP 参考模型同样采用了分层结构设计理念，层与层相对独立又具备密切协作关系。TCP/IP 参考模型始于 1969 年，也就是美国国防部开始实施 ARPANET 时。ARPANET 是资源共享实验的结果，其目的是在美国不同地区的各种超级计算机之间提供高速网络通信链路。TCP/IP 协议是因特网的基础协议。TCP/IP 具有很强的灵活性，支持任意规模的网络，几乎可连接所有的计算机服务器和工作站。

TCP/IP 网络分层的策略使网络实现了结构化。与 OSI 参考模型不同，TCP/IP 参考模型采用了 4 层的体系结构。属于 TCP/IP 协议组的所有协议都位于该模型的中间 2 层，即 TCP/IP 参考模型的核心层——网络层和传输层。OSI 参考模型与 TCP/IP 参考模型的结构对比图如图 2.20 所示，TCP/IP 参考模型的每一层都对应于国际标准组织(ISO)提出的 OSI 参考模型的一层或多层。

图 2.20 OSI 参考模型与 TCP/IP 参考模型的结构对比图

TCP/IP 网络参考模型不关注底层物理介质，主要关注终端之间的逻辑数据流的转发。TCP/IP 参考模型的每一层都具备特定的基本功能，具体如表 2.6 所示。

表 2.6 TCP/IP 参考模型各层的基本功能概述

TCP/IP 参考模型	名 称	基 本 功 能
第一层	网络接口层	通常包括操作系统中的设备驱动程序和计算机中对应的网卡。它们一起处理与电缆或其他传输介质的物理接口相关的参数
第二层	网络层	处理数据包，结合网络层地址(IP 地址)帮助路由器规划网络路径，解决网络之间的逻辑转发问题
第三层	传输层	为两台通信主机上的应用程序建立可靠的端到端通信，并对其进行维护和管理，保证源端与目的端之间的可靠传输
第四层	应用层	负责处理特定的应用程序细节，通过各种协议向终端用户提供业务应用

不论 OSI 参考模型还是 TCP/IP 参考模型，在每层上都要通过特定的协议来实现可靠的网络传输。下面以 TCP/IP 参考模型为例简要介绍 TCP/IP 参考模型各层都包含哪些网络通信协议。TCP/IP 参考模型各层的主要协议如图 2.21 所示。

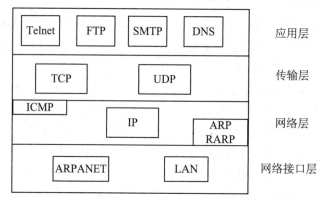

图 2.21 TCP/IP 参考模型各层的主要协议

1) 应用层

应用层定义了 TCP/IP 应用协议以及主机程序与要使用网络的传输层服务之间的接口，用来支持文件传输、电子邮件、远程登录和网络管理等其他应用程序的协议。该层的协议包括 Telnet(远程登录)、FTP(文件传输协议)、HTTP(超文本传输协议)、SMTP(简单邮件传输协议)、SNMP(简单网络管理协议)等。

2) 传输层

传输层提供主机之间的通信会话管理，定义传输数据时的服务级别和连接状态，提供可靠的和不可靠的传输。在 TCP/IP 协议组件中，有两个互不相同的传输协议：TCP(传输控制协议)和 UDP(用户数据报协议)。

3) 网络层

网络层将数据装入 IP 数据包，包括用于在主机之间以及经过网络转发数据包时所用的源和目的地址信息，最终实现 IP 数据包的路由规划。网络层协议包括 IP 协议(网际协议)、ICMP 协议(Internet 互联网控制报文协议)以及 ARP 协议(地址解析协议)、RARP 协议(反向地址解析协议)。

4) 网络接口层

网络接口层指定如何通过网络发送数据，其中包括直接与网络介质(如同轴电缆、光纤或双绞线)接触的硬件设备如何将比特流转换成电信号。这一层没有 TCP/IP 参考模型的通信协议，而要使用介质访问协议，如以太网、令牌环、FDDI、X.25、帧中继、RS-232、V.35等，为高层提供传输服务。

3. 数据的封装和解封装

在网络参考模型中，数据需要进行逐层处理及传递，才会被传输到目的网络。在这个传输过程中，数据要经过封装和解封装的操作，形成每层相应的协议数据单元(PDU)。不同层的协议数据单元(PDU)包含的信息也不同，它们都有自己特定的名称。这里以 TCP/IP 网络参考模型为例，具体数据封装过程如图 2.22 所示。

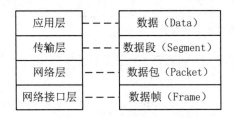

图 2.22　TCP/IP 参考模型数据封装

在网络中发送一个数据，此数据在网络参考模型中逐层传递，并依据所需的网络通信协议给其添加特定的信息段，此信息段叫作报头或报尾，这个过程就是封装。封装就像生产厂商给商品进行逐层包装一样。例如在 TCP/IP 参考模型中，一个用户使用某应用程序给另一个用户发送数据，应用层中处理的 PDU 即为数据(Data)；当传输层接收到此数据后，依据传输需求给其添加了 TCP 报头，形成了传输层的 PDU，即为数据段(Segment)；之后数据段被传递到网络层，网络层依据传输需求给其添加了 IP 报头，形成了网络层的 PDU，即为数据包(Packet)；之后数据包被传递到网络接口层，封装上相应的报头和报尾，形成数据帧(Frame)；最后此数据帧被转换为比特流，通过网络介质传向目的网络。

当上述比特流被目的用户读取时，在 TCP/IP 网络参考模型中被逐层拆除特定信息段，这个过程即为解封装。解封装就像消费者购买到商品后，进行拆包装操作一样。例如在 TCP/IP 模型中，一个用户接收到了比特流信息，会将其转换为数据帧(Frame)并在网络接口层进行相应处理；之后数据帧被传递到网络层，网络层将数据帧的帧头和帧尾进行拆除，再依据读取到的相应信息(如 IP 数据包)，进行下一步数据处理和传递；之后数据包(Packet)被传递到传输层，传输层将数据包的报头拆除，形成数据段(Segment)，再依据读取到的相应信息，进行下一步操作，最终数据段传递到应用层，应用层将其报头拆除形成数据(Data)后，利用相应的应用程序读取到某一个用户发给自己的信息。

经过上述封装与解封装过程的详解，我们了解到数据包在以太网物理介质上传播之前必须封装头部和尾部信息。封装后的数据包称为数据帧，数据帧中封的信息决定了数据如何传输。以太网上传输的数据帧有两种格式，选择哪种格式由 TCP/IP 协议簇中的网络层决定。

4. 以太网数据帧格式

在 OSI 参考模型的数据链路层上处理的数据为数据帧，这些数据帧会在物理链路上进行传输。以太网上传输的数据帧有两种格式，分别为 Ethernet_Ⅱ 格式和 IEEE 802.3 格式，如图 2.23 所示。这两种格式的主要区别在于，Ethernet_Ⅱ格式中包含一个 Type 字段，标识以太网帧处理完成之后将被发送到哪个上层协议进行处理。IEEE 802.3 格式中，同样的位置是长度字段。以太网中大多数的数据帧使用的是 Ethernet_Ⅱ 格式。

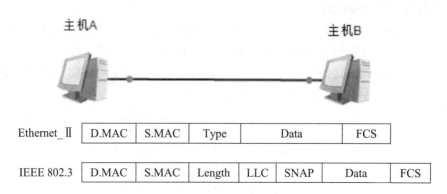

Ethernet_Ⅱ   Length/Type ≥ 1536(0x0600)

IEEE 802.3   Length/Type ≤ 1500(0x05DC)

图 2.23　数据帧格式

Ethernet_Ⅱ 格式的报文中包含的信息为目的 MAC 地址、源 MAC 地址、类型 Type 字段、数据 Data 和校验字段 FCS。IEEE 802.3 帧格式的报文中包含的信息为目的 MAC 地址、源 MAC 地址、Length 字段、LLC 字段、SNAP 字段、数据 Data 和校验字段 FCS。中的每一个信息段都有特定的作用。

Ethernet_Ⅱ 中各字段说明如下：

(1) 目的 MAC 地址为 D.MAC，此字段长度为 6 字节，表示数据帧的接收者。

(2) 源 MAC 地址为 S.MAC，此字段长度为 6 字节，表示数据帧的发送者。

(3) 类型字段为 Type，它用于表示此数据帧在数据链路层处理完之后将被发送到哪个上层协议进行处理，此字段长度为 2 字节。Type 取值为 0x0800 的数据帧代表 IP 协议帧；Type 取值为 0x0806 的数据帧代表 ARP 协议帧。

(4) 数据字段为 Data，表示网络层的数据，此字段长度为 46～1500 字节。

(5) 校验字段为 FCS，此字段长度为 4 字节，它提供了一种对于数据帧的错误检测机制。

IEEE 802.3 中各字段说明如下：

(1) 目的 MAC 地址为 D.MAC，此字段长度为 6 字节，表示数据帧的接收者。

(2) 源 MAC 地址为 S.MAC，此字段长度为 6 字节，表示数据帧的发送者。

(3) Length 字段表示数据 Data 字段所包含的字节数，此字段长度为 2 字节。

(4) LLC 字段表示逻辑链路控制，它由目的服务访问点、源服务访问点及控制字段组成，此字段长度为 3 字节。

(5) SNAP 字段由机构代码和类型 Type 组成，此字段长度为 5 字节。

(6) 数据字段为 Data，表示网络层的数据，此字段长度为 38～1492 字节。

(7) 校验字段为 FCS，此字段长度为 4 字节，它提供了一种对于数据帧的错误检测机制。

5. MAC 地址

在两种不同类型的数据帧中都包含了目的 MAC 地址和源 MAC 地址字段，那么什么是 MAC 地址呢？

在以太网数据链路层上，MAC 地址是用来识别网络设备的唯一标识，具有唯一性，通常是全球唯一。MAC 地址也被称为物理地址或硬件地址，通常由网络设备制造商直接烧录至硬件设备中。MAC 地址由 48 位二进制数组成，即 48 bit，通常以十六进制数进行表示。MAC 地址由两部分组成，分别是供应商代码和序列号。其中前 24 位代表供应商代码，由 IEEE 管理和分配，剩下的 24 位序列号由厂商自己分配。

如果一个网络设备发送一条数据帧，那么此设备的 MAC 地址即为这条数据帧的源 MAC 地址，而需要接收这条数据帧的网络设备的 MAC 地址即为此条数据帧的目的 MAC 地址。以太网上的数据帧封装完成后会通过物理层转换成比特流在物理介质上传输。

数据链路层基于 MAC 地址进行帧的传输，如图 2.24 所示。

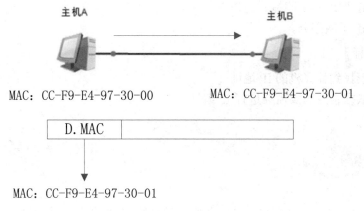

图 2.24　基于 MAC 地址的数据帧传输

6. 数据帧的分类

局域网上的数据帧可以通过单播、组播和广播三种方式发送。所以按照数据帧的发送方式可以将其分为单播帧、组播帧和广播帧三种类型。

1) 单播帧

单播帧是指由一台计算机发送给某个特定计算机的数据帧，即一对一发送的数据帧。对于一个单播帧，其目的 MAC 地址的第 8 位为 0。只有某个特定的计算机才接收并处理这个数据帧，其他计算机都将此数据帧丢掉。

2) 组播帧

组播帧是指由一台计算机发送给某些特定计算机的数据帧，即一对多发送的数据帧。对于一个组播帧，其目的 MAC 地址的第 8 位为 1。只有特定组内的计算机才接收并处理这个数据帧，其不属于组内的计算机都将此数据帧丢掉。

3) 广播帧

广播帧是指由一台计算机发送给网络中所有计算机的数据帧，即一对所有发送的数据帧。对于一个广播帧，其目的 MAC 地址的 48 位全为 1，即十六进制的 FF:FF:FF:FF:FF:FF。所有收到该广播帧的计算机都要接收并处理这个数据帧。

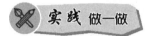

请查找出电脑的 MAC 地址，并总结网络设备 MAC 地址的查找方法。

任务三 IP 编 址

【知识目标】

(1) 掌握 IP 协议的组成。

(2) 理解 IP 地址和子网掩码的作用。

(3) 掌握 IP 子网划分。

【能力目标】

(1) 能够查找到计算机的 IP 地址。

(2) 能够依据企业真实需要进行 IP 编址。

一个数据帧到了数据链路层，首先会被查对目的 MAC 地址，读取源 MAC 地址并进行校验检查，都没有问题之后，需要根据数据帧帧头中 Type 字段确定下一步将数据帧发送到哪个上层协议进行处理，最后数据帧的帧头和帧尾会被拆除掉，剩下的信息段部分则为网络层要处理的数据。网络层位于数据链路层与传输层之间。网络层中包含了许多协议，其中最重要的协议就是 IP 协议。

1. IP 协议

当一个数据帧中的 Type 字段为 0x0800 时，则表示该数据帧的网络层协议为 IP 协议，如图 2.25 所示。使用 IP 协议去处理的报文叫作 IP 报文。

6 B	6 B	2 B	46~1500 B	4 B
DMAC	SMAC	Type	Data	FCS

Type = 0x0800

图 2.25 数据帧 IP 协议

　　一个 IP 报文包含了 IP 报文头部和数据 Data 两部分。其中 IP 报文头部信息用于指导网络设备对报文进行路由和分片。同一个网段内的数据转发通过数据链路层即可实现，而跨网段的数据转发需要使用网络设备的路由功能。分片是指数据包超过一定长度时，需要被划分成不同的片段使其能够在网络中传输。

　　IP 报文头部长度为 20～60 字节，其中包含的主要信息有源 IP 地址、目的 IP 地址、IP 协议版本号、生存时间、校验和等。其中源 IP 地址和目的 IP 地址是分配给计算机的逻辑地址，用于在网络层标识报文的发送方和接收方。根据源 IP 地址和目的 IP 地址可以判断目的端是否与发送端位于同一网段，如果二者不在同一网段，则需要采用路由机制进行跨网段转发。

2. IP 地址概述

　　要想实现局域网内部通信或局域网与互联网的通信，每台接入网络的计算机都必须拥有一个自己的 IP 地址，这样网络上的其他计算机才能够找到这台计算机进行网络通信，而且保证不会找错地方。就好像在电话网中，每个接入电话网的电话都有唯一的号码，以此来保障我们在打电话时不会打到别人家去。

　　基于 TCP/IP 技术构建的互联网可以看作是一个虚拟网络，它把处于不同物理网络中的所有主机互联起来，并通过这个虚拟网络进行通信，隐藏了不同物理网络的底层结构，简化了不同网络间的网络互联。为了能进行有效的通信，在虚拟网络中的每个设备都需要一个全局的地址来表示，这个地址就是 IP 地址。IP 地址在进行编址时采用两级结构的编址方法，这样方便在网络中进行寻址。现今的 IP 地址有两个版本，一个为 IPv4，另一个为 IPv6。其中，IPv4 最为常用。每个 IPv4 地址由 32 bit 的二进制数构成，并且 IP 地址被分为前后两部分，前半部分称为网络位，用来表示一个物理网络所属的网段；后半部分称为主机位，用来表示这个网段中的某一台主机，即它的 IP 地址＝网络位＋主机位，如图 2.26 所示。

网络位	主机位
192.168.1	.1
11000000.10101000.00000001	.00000001

图 2.26　IP 地址结构

　　为便于用户和网络管理人员使用和记忆，IP 地址常用点分十进制数表示，把 32 位 IP 地址每 8 位分成一组，每组的 8 位二进制数用十进制数表示，并在每组之间用小数点隔开，便得到点分十进制表示的 IP 地址。同样，把点分十进制表示的 IP 地址转化为二进制表示时，分别把每个十进制数转化为 8 位二进制数，并按原来的顺序写出来。

　　例如，把 IP 地址 11000000 10101000 00001010 11110111 的每 8 位二进制数转化为 1 个十进制数，并用点隔开按顺序排列，即转化为点分十进制形式 192.168.10.247。

　　每个网段上都有两个特殊地址不能分配给主机或网络设备，如图 2.27 所示。第一个是该网段的网络地址，该 IP 地址的主机位为全 0，表示一个网段。第二个地址是该网段中的广播地址，目的地址为广播地址的报文会被该网段中的所有网络设备接收。广播地址的主机位为全 1。除网络地址和广播地址以外的其他 IP 地址可以作为网络设备的 IP 地址。

网络地址

网络位	主机位
192.168.1	.0
11000000.10101000.00000001	.00000000

广播地址

网络位	主机位
192.168.1	.255
11000000.10101000.00000001	.11111111

图 2.27　网络地址与主机地址结构

3. IP 地址分类

IP 地址共有 5 种类型，分别是 A 类、B 类、C 类、D 类和 E 类，如图 2.28 所示。

1) A 类 IP 地址

网络位长度有 8 位，最高位固定为 0，因此允许有 $126(2^7-2)$ 个不同的 A 类网络(网络号为 0 和 127 的有特殊的用途，不作为网络地址)。主机位的长度为 24 位，表示每个 A 类网络中可以包含 $16\,777\,214(2^{24}-2)$ 台主机。A 类 IP 地址适用于有大量主机的大型网络。

2) B 类 IP 地址

网络位长度有 16 位，前两位固定为 10，因此允许有 $16\,384(2^{14})$ 个不同的 B 类网络。主机位的长度为 16 位，因此每个 B 类网络中可以包含 $65\,534(2^{16}-2)$ 台主机。B 类 IP 地址适用于一些国际性大公司与政府机构等。

3) C 类 IP 地址

网络位长度为 24 位，前三位固定为 110，因此允许有 $2\,097\,152(2^{21})$ 个不同的 C 类网络。主机位长度为 8 位，因此每个 C 类网可以包括 $254(2^8-2)$ 台主机。C 类 IP 地址适用于一些小型公司与普通的研究机构。

4) D 类 IP 地址

不用于标识网络，主要用于特殊用途，如多目的地址的地址广播。

5) E 类 IP 地址

暂时保留，用于某些实验和将来扩展使用。

图 2.28　IP 地址分类

4. 特殊 IP 地址

在 A、B、C 类地址中，有部分地址被用作特殊用途，这些地址被称为特殊地址。

1) 网络地址

在 A、B、C 类地址中具有全零主机号位的地址不可以指派给任何主机，这个地址保留，用来定义本网络的地址。在路由选择中，用网络地址表示一个网络。

2) 直接广播地址

在 A、B、C 类地址中若主机位是全 1，则此地址称为直接广播地址，用于将 IP 分组发送到一个特定网络上的所有主机。

3) 受限广播地址

若 32 位 IP 地址是全 1(255.255.255.255)，则这个地址表示在当前网络上的一个广播地址。当需要将一个 IP 分组发送到本网络上的所有主机时，可使用这个地址作为分组的目的地址。值得注意的是，路由器不会转发此类型地址的分组，广播只局限在本地网络。

4) 本网络上的本主机

若 32 位的 IP 地址是全零(0.0.0.0)就表示在本网络上的本主机地址。当一个主机需要获得其 IP 地址时，可以运行一个引导程序，并发送一个全零地址给引导服务器以得到本主机的 IP 地址。

5) 本网络上的特定主机

网络位为全零的 IP 地址，表示在这个网络上的特定主机。用于一个主机向同一网络上的特定主机发送一个 IP 分组。因为网络位为 0，路由器不会转发这个分组，所以分组只能局限在本地网络。

6) 环回地址

在点分十进制形式的 IP 地址中，第一个字节等于 127 的 IP 地址，用作环回地址，它是一个用来测试设备软件的地址。当使用环回地址时，分组永远不离开这个设备，只简单地返回到协议软件。

如果一台计算机或一个物理网络想要访问因特网，必须要从 ISP 申请注册 IP 地址。但是，对于没有与因特网连接的计算机或物理网络，则不需要注册 IP 地址，管理员可使用任意的 IP 地址。但是如果该计算机或该网络与因特网连接之后，则 IP 地址与因特网上注册 IP 的地址会发生冲突。为了防止此类冲突的发生，IP 地址中有 3 个地址范围用于专用网络，这些地址不分配给因特网上的注册网络，管理员可在内部专用网络上使用这些专用 IP 地址，这 3 个专用 IP 地址范围，如表 2.7 所示。

表 2.7　专用 IP 地址范围

地址类型	起始地址	结束地址
A	10.0.0.0	10.255.255.255
B	172.16.0.0	172.31.255.255
C	192.168.0.0	192.168.255.255

5. 子网掩码

子网掩码用于区分网络部分和主机部分。如果一个物理网络没有被划分子网，则该网络就要用默认的子网掩码。在默认的子网掩码中，1 的长度和网络号的长度相同，0 的长度和主机号的长度相同。A 类、B 类、C 类 IP 地址对应的默认子网掩码的值，如表 2.8 所示。

表 2.8　A 类、B 类、C 类 IP 地址默认子网掩码

地址类型	二进制形式	点分十进制形式
A	11111111 00000000 00000000 00000000	255.0.0.0
B	11111111 11111111 00000000 00000000	255.255.0.0
C	11111111 11111111 11111111 00000000	255.255.255.0

如果一个 IP 地址被划分了子网，那么区分子网地址和主机地址就需要利用子网掩码来完成。

子网掩码是一个 32 位的二进制数，它的每一位与 IP 地址相对应。如果 IP 地址中的某一位对应的子网掩码是 1，那么这个位就属于网络位部分或子网位部分；反之，IP 地址中的某一位对应的子网掩码是 0，那么这个位就属于主机位部分，如图 2.29 所示。通过 IP 地址所属的种类和子网掩码相结合，就可以判断出该 IP 地址的每个部分。

注意：子网掩码中 0 和 1 都是连续出现的，不能有 0、1 交替出现的方式。

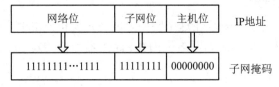

图 2.29　子网掩码与 IP 地址关系

子网掩码的表示形式有 3 种：二进制形式、点分十进制形式和斜杠形式。二进制形式就是将子网掩码用 32 位二进制数表示出来；点分十进制形式和 IP 地址的点分十进制形式类似，每 8 位子网掩码转换成十进制数，中间用小数点隔开；而斜杠形式是指在 IP 地址后面画一个斜杠，然后在斜杠后面写出子网掩码中 1 的个数。例如，192.168.10.25，子网掩码为 255.255.255.192，可以写作 192.168.10.25/26。

6. 子网划分

互联网是由许多小的物理网络通过路由器等设备连接而成的。在同一个物理网络中的所有主机都必须具有相同的网络位，即一个物理网络对应一个网络地址。规模较大的物理网络包含的主机容量很多，因此主机地址很多，较小的物理网络主机地址很少。一个 A 类网络的主机地址有 1600 多万个，一个 B 类网络的主机地址有 6 万多个，这在实际中，一个网络不可能包含如此多的主机，如果仍然要求一个物理网络对应一个网络地址的话，就会导致 IP 地址的浪费。随着网络的发展，IP 地址已相当珍贵，因此要充分地利用 IP 地址空间。

为了能充分利用 IP 地址，通常采用子网划分的方式。子网划分是把一个物理网络划分为多个规模更小的网络，使得多个规模小的物理网络利用路由器连接起来，共用一个网络位。需要注意的是，子网是一个单位内部划分的，在外看来仍然像一个物理网络。

划分子网，是将一个 IP 地址中的主机位的前几位划分为"子网位"，后面的仍然是主

机位，这样 IP 地址就被划分为 3 个部分，分别为"网络位""子网位"和"主机位"，如图 2.30 所示。

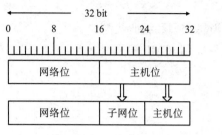

图 2.30　划分子网

请查看你的电脑 IP 地址，分析其 IP 地址分类、广播地址和网段地址，并确认其可用主机数。如图 2.31 所示，IP 地址为 192.168.22.15/24，为 C 类地址，其广播地址为 192.168.22.255，属于 192.168.22.0 网段，可用主机数为 254。

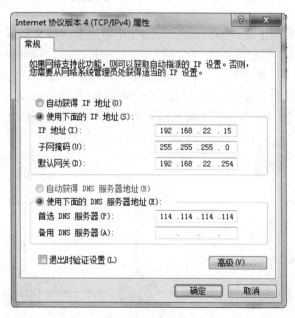

图 2.31　IP 地址

任务四　ICMP 协议

【知识目标】

(1) 掌握 ICMP 协议。

(2) 掌握 ICMP 消息类型和编码类型。

【能力目标】

(1) 能够判断 ICMP 消息类型和编码类型。

(2) 能够使用抓包软件抓到 ICMP 消息。

知识学习

Internet 控制报文协议 ICMP(Internet Control Message Protocol)是网络层的一个重要协议。ICMP 协议用来在网络设备间传递各种差错和控制信息，它对于收集各种网络信息、诊断和排除各种网络故障具有至关重要的作用。使用基于 ICMP 的应用时，需要对 ICMP 的工作原理非常熟悉。

1. ICMP 定义及作用

ICMP 是 TCP/IP 协议簇的核心协议之一，它用于在 IP 网络设备之间发送控制报文，具有 ICMP 重定向、差错检测等功能。

1) ICMP 重定向

ICMP 重定向消息用于支持路由功能。主机 A 希望发送报文到服务器 A，于是根据配置的默认网关地址向网关 R2 发送报文。网关 R2 收到报文后，检查报文信息，发现报文应该转发到与源主机在同一网段的另一网关设备 R1(因为此转发路径更优)，所以 R2 会向主机发送一个 Redirect 消息，通知主机直接向另一网关 R1 发送该报文。主机收到 Redirect 消息后，向 R1 发送报文，R1 会将报文转发给服务器 A。ICMP 重定向如图 2.32 所示。

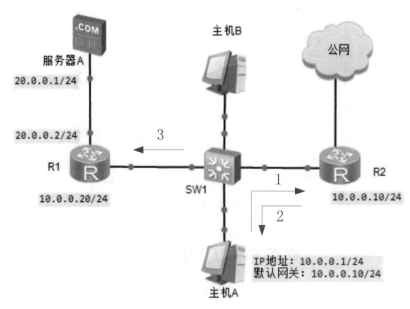

图 2.32 ICMP 重定向

2) ICMP 差错检测

ICMP 定义了各种错误消息，用于诊断网络连接性问题。根据这些错误消息，源设备可以判断出数据传输失败的原因。比如，网络中发生了环路，导致报文在网络中循环，最终TTL 超时，这种情况下网络设备会发送 TTL 超时消息给发送端设备。又比如，目的不可达，则中间的网络设备会发送目的不可达消息给发送端设备。目的不可达的情况有多种，如果是网络设备无法找到目的网络，则发送目的网络不可达消息；如果网络设备无法找到目的网络中的目的主机，则发送目的主机不可达消息。

当网络设备无法访问目标时，它会自动发送 ICMP 目的不可达报文到发送端设备。

2. ICMP 数据包格式

ICMP 消息封装在 IP 报文中，如图 2.33 所示。ICMP 消息的格式取决于 Type 字段和 Code 字段，其中 Type 字段为消息类型，Code 字段包含该消息类型的具体参数。后面的校验和字段用于检查消息是否完整。

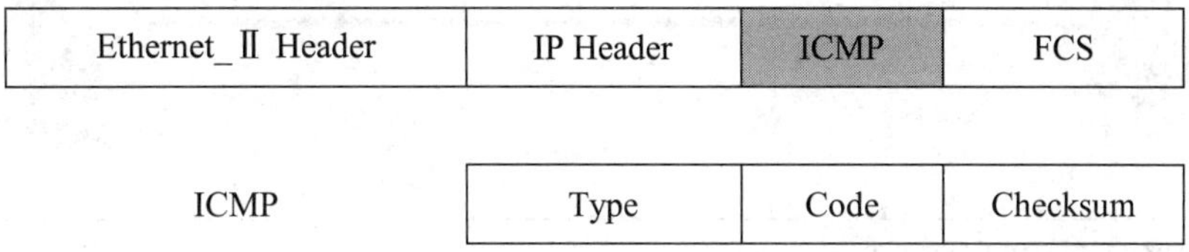

Ethernet_II Header	IP Header	ICMP	FCS

ICMP	Type	Code	Checksum

图 2.33　ICMP 数据包

3. ICMP 消息类型和编码类型

ICMP 定义了多种消息类型，用于不同的场景。有些消息不需要 Code 字段来描述具体类型的参数，仅用 Type 字段表示消息类型。比如，ICMP 回复消息的 Type 字段设置为 0。有些 ICMP 消息使用 Type 字段定义消息大类，用 Code 字段表示消息的具体类型。比如，类型为 3 的消息表示目的不可达。不同的 Code 值表示不可达的不同原因，其中包括目的网络不可达(Code = 0)、目的主机不可达(Code = 1)、协议不可达(Code = 2)、目的 TCP/UDP 端口不可达(Code = 3)等，如表 2.9 所示。

表 2.9　ICMP 消息类型和编码类型

型(Type)	编码(Code)	描述
0	0	Echo Reply
3	0	网络不可达
3	1	主机不可达
3	2	协议不可达
3	3	端口不可达
5	0	重定向
8	0	Echo Request

4. ICMP 的应用

1) Ping 命令

ICMP 的一个典型应用是 Ping 命令。Ping 命令是检测网络连通性的常用工具，同时也能够收集其他相关信息。用户可以在 Ping 命令中指定不同参数，如 ICMP 报文长度、发送的 ICMP 报文个数、等待回复响应的超时时间等，设备根据配置的参数来构造并发送 ICMP 报文，进行 Ping 测试。

Ping 命令的输出信息中包括目的地址、ICMP 报文长度、序号、TTL 值以及往返时间。序号是包含在 Echo 回复消息(Type=0)中的可变参数字段，TTL 和往返时间包含在消息的 IP 头中。Ping 命令应用如图 2.34 所示。

```
[PC1]ping 192.168.1.2

Ping 192.168.1.2： 32 data bytes，press CTRL_C to break

From 192.168.1.2： bytes=32 seq=1 ttl=128 time=31 ms

From 192.168.1.2： bytes=32 seq=2 ttl=128 time=31 ms

From 192.168.1.2： bytes=32 seq=3 ttl=128 time=31 ms

From 192.168.1.2： bytes=32 seq=4 ttl=128 time=31 ms

From 192.168.1.2： bytes=32 seq=5 ttl=128 time=31 ms


--- 192.168.1.2 ping statistics ---

5 packet(s) transmitted

5 packet(s) received

0.00% packet loss

round-trip min/avq/max = 31/31/31 ms
```

图 2.34　Ping 命令应用

2) Tracert 命令

ICMP 的另一个典型应用是 Tracert。Tracert 是基于报文头中的 TTL 值来逐跳跟踪报文的转发路径。为了跟踪到达某特定目的地址的路径，源端首先将报文的 TTL 值设置为 1。该报文到达第一个节点后，TTL 超时，于是该节点向源端发送 TTL 超时消息，消息中携带时间戳。然后，源端将报文的 TTL 值设置为 2，报文到达第二个节点后超时，该节点同样返回 TTL 超时消息，以此类推，直到报文到达目的地。这样，源端根据返回的报文中的信息可以跟踪到报文经过的每一个节点，并根据时间戳信息计算往返时间。Tracert 是检测网络丢包及时延的有效手段，同时可以帮助管理员发现网络中的路由环路。Tracert 命令应用如图 2.35 所示。Tracert 显示数据包在网络传输过程中所经过的每一跳。

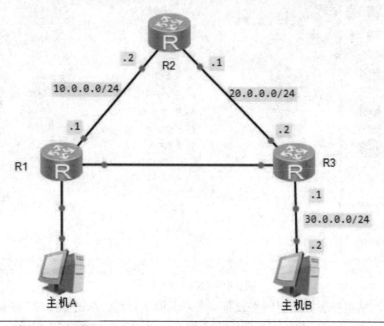

```
<R1>tracert 30.0.0.2

Tracert to 30.0.0.2(30.0.0.2)，max hops：30，packet length：40，

press CTRL_c to break

1 10.0.0.2 130ms   50ms   40ms

2 20.0.0.2 80ms    60ms   80ms

3 30.0.0.2 80ms    60ms   70ms
```

图 2.35　Tracert 命令

　　请你使用 eNSP 软件搭建一个简单的企业网络(eNSP 模拟器是华为公司的一款用于模拟网络设备配置的开源软件)。在本次实践中，你将熟悉华为 eNSP 模拟器的基本使用方法，搭建简单的端到端网络的方法，并使用 eNSP 模拟器自带的抓包软件 Wireshark 捕获网络中的报文，以便更好地理解 IP 网络的工作原理。

　　使用 eNSP 模拟器搭建简单的端到端网络，其基本步骤如下：

　　(1) 启动 eNSP 模拟器，如图 2.36 所示。

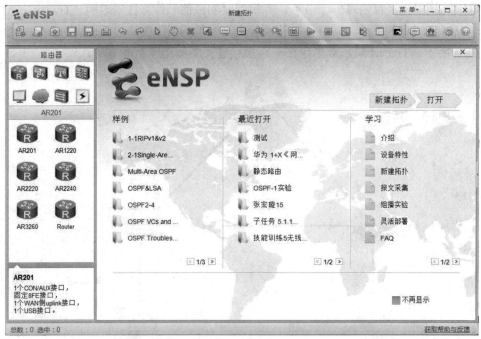

图 2.36　eNSP 软件页面

(2) 新建网络拓扑图并放置网络设备。在左侧面板顶部,单击"终端"图标。在显示的终端设备中,选中"PC"图标,把图标拖动到空白界面上,如图 2.37 所示。

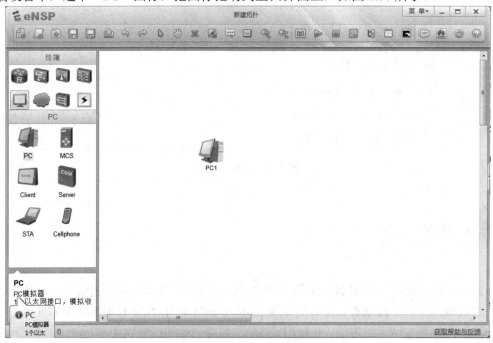

图 2.37　放置网络设备

(3) 建立一条物理连接。在左侧面板顶部,单击"设备连线"图标。在显示的各种连接方式中,选择"Copper"图标。单击"Copper"图标后,出现的光标代表一个连接器。单击客户端设备，会显示该模拟设备包含的所有端口。单击"Ethernet 0/0/1"光标选项，连接此端口，如图 2.38 所示。

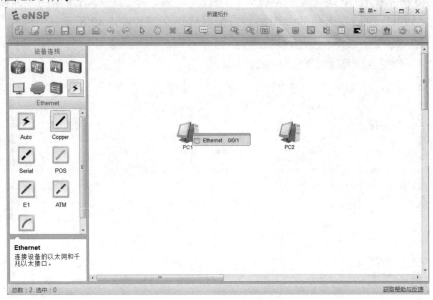

图 2.38 设置物理连接

(4) 启动终端设备。

方法 1：鼠标右键单击一台终端设备，在弹出的菜单中，选择"启动"选项，启动该设备。

方法 2：按住鼠标左键拖拽光标选中多台终端设备，如图 2.39 所示，通过右击显示菜单，选择"启动"选项，启动该设备。

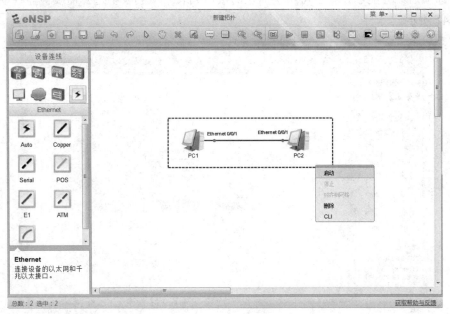

图 2.39 启动终端设备

(5) 配置终端系统。选择"基础配置"标签页，在"主机名"文本框中输入主机名称 PC1。

在"IPv4 配置"区域，单击"静态"选项按钮。在"IP 地址"文本框中输入 IP 地址。建议按照图 2.40 所示配置 IP 地址及子网掩码。配置完成后，单击窗口右下角的"应用"按钮。最后单击"PC1"窗口右上角的关闭按钮。配置终端系统如图 2.40 所示。

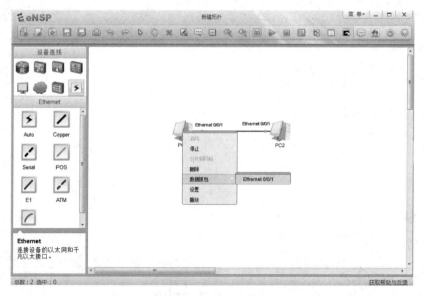

图 2.40　配置终端系统

使用相同步骤配置 PC2。建议将 PC2 的 IP 地址配置为 192.168.1.2，子网掩码配置为 255.255.255.0。完成基础配置后，两台终端设备可以成功建立端到端通信连接。

(6) 捕获接口报文。选中一台终端设备，鼠标右键单击它，在显示的菜单中单击"数据抓包"选项后，会显示设备上可用于抓包的接口列表。从列表中选择需要被监控的接口，如图 2.41 所示。

图 2.41　捕获接口报文

接口选择完成后，Wireshark 抓包工具会自动激活，捕获选中接口传输的所有报文。如需监控更多接口，重复上述步骤，选择不同接口即可。Wireshark 抓包工具图标，如图 2.42 所示。

图 2.42　Wireshark 抓包工具

(7) 使用 ping 命令生成接口流量后，观察捕获的报文，ping 命令操作如图 2.43 所示，捕获报文如图 2.44 所示。

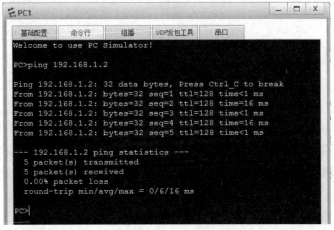

图 2.43　ping 命令操作

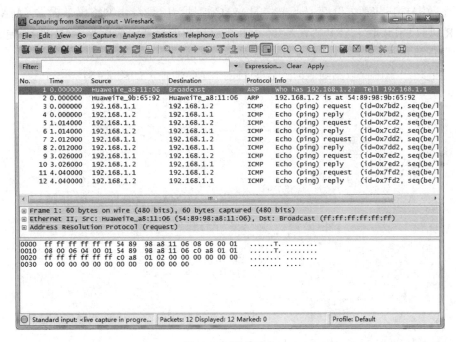

图 2.44　捕获报文

任务五　ARP 协议

【知识目标】

(1) 掌握 ARP 协议。

(2) 掌握 ARP 缓存表的含义。

【能力目标】

(1) 能够进行 ARP 缓存表的查询及配置。

(2) 能够使用抓包软件抓到 ARP 消息。

知识 学习

网络设备有数据要发送给另一台网络设备时，必须要知道对方的网络层地址(IP 地址)。IP 地址由网络层来提供，但是仅有 IP 地址是不够的，IP 数据报文必须封装成帧才能通过数据链路进行发送。数据帧必须要包含目的 MAC 地址，因此发送端还必须获取目的 MAC 地址。通过目的 IP 地址而获取目的 MAC 地址的过程是由 ARP(Address Resolution Protocol)协议来实现的。

1. ARP 协议概述

一台网络设备要发送数据给另一台网络设备时，必须要知道对方的 IP 地址。每一个网络设备在数据封装前都需要获取下一跳的 MAC 地址。IP 地址由网络层来提供，MAC 地址通过 ARP 协议来获取。ARP 协议是 TCP/IP 协议簇中的重要组成部分，ARP 能够通过目的 IP 地址发现目标设备的 MAC 地址，从而实现数据链路层的可达性。

数据链路层在进行数据封装时，需要目的 MAC 地址，如图 2.45 所示。

主机A
IP：192.168.1.1/24
MAC：CC-F9-E4-97-30-00

主机B
IP：192.168.1.2/24
MAC：CC-F9-E4-97-30-01

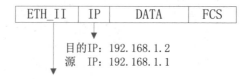

ETH_II	IP	DATA	FCS

目的IP：192.168.1.2
源　IP：192.168.1.1

目的MAC：未知
源　MAC：CC-F9-E4-97-30-00

图 2.45　ARP 协议

网络设备通过 ARP 报文来发现目的 MAC 地址。ARP 报文中包含 Source Hardware Address 字段、Source Protocol Address 字段、Destination Hardware Address 字段、Destination Protocol Address 字段等。

Source Hardware Address 字段指的是发送 ARP 报文的设备 MAC 地址。Source Protocol Address 字段指的是发送 ARP 报文的设备 IP 地址。Destination Hardware Address 字段指的是接收者 MAC 地址。Destination Protocol Address 字段指的是接收者的 IP 地址。

ARP 报文不能穿越路由器，不能被转发到其他广播域。

2. ARP 协议工作过程

通过 ARP 协议，网络设备可以建立目标 IP 地址和 MAC 地址之间的映射。网络设备通过网络层获取到目的 IP 地址之后，还要判断目的 MAC 地址是否已知。图 2.46 中的主机 A 发送一个数据包给主机 C 之前，首先要获取主机 C 的 MAC 地址。

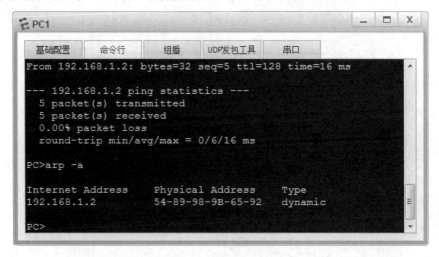

图 2.46　查看 ARP 缓存表

网络设备一般都有一个 ARP 缓存表，ARP 缓存表用来存放 IP 地址和 MAC 地址的关联信息。

查看 ARP 缓存表的命令为 arp -a。

查看网络设备 ARP 缓存表，如图 2.46 所示。

在发送数据前，设备会先查找 ARP 缓存表。如果缓存表中存在对方设备的 MAC 地址，则直接采用该 MAC 地址来封装帧，然后将数据帧发送出去。如果缓存表中不存在相应信息，则通过发送 ARP request 报文来获得它。获得的 IP 地址和 MAC 地址的映射关系会被放入 ARP 缓存表中存放一段时间。在有效期内，设备可以直接从这个表中查找目的 MAC 地址来进行数据封装，而无须进行 ARP 查询。过了这段有效期，ARP 表项会被自动删除。

如果目标设备位于其他网络，则源设备会在 ARP 缓存表中查找网关的 MAC 地址，然后将数据发送给网关，网关再把数据转发给目的设备。

1) ARP 请求

主机 A 的 ARP 缓存表中不存在主机 C 的 MAC 地址，所以主机 A 会发送 ARP request 来获取目的 MAC 地址。

　　ARP request 报文封装在以太帧里，帧头中的源 MAC 地址为发送端主机 A 的 MAC 地址。此时，由于主机 A 不知道主机 C 的 MAC 地址，所以目的 MAC 地址为广播地址 FF-FF-FF-FF-FF-FF。

　　ARP request 报文中包含源 IP 地址、目的 IP 地址、源 MAC 地址、目的 MAC 地址，其中目的 MAC 地址的值为 0。

　　ARP Request 报文会在整个网络上传播，该网络中所有主机包括网关都会接收到此 ARP request 报文。网关将会阻止该报文发送到其他网络上。ARP 请求过程如图 2.47 所示。

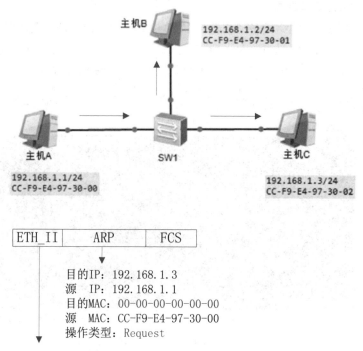

图 2.47　ARP 请求过程

2) ARP 响应

　　所有的主机接收到该 ARP Request 报文后，会检查它的目的协议地址字段与自身的 IP 地址是否匹配。如果不匹配，则该主机将不会响应该 ARP Request 报文。如果匹配，则该主机会将 ARP 报文中的源 MAC 地址和源 IP 地址信息记录到自己的 ARP 缓存表中，然后通过 ARP Reply 报文进行响应。

　　ARP 响应过程如图 2.48 所示，主机 C 向主机 A 回应 ARP Reply 报文。ARP Reply 报文中的源协议地址是主机 C 自己的 IP 地址，目标协议地址是主机 A 的 IP 地址，目的 MAC 地址是主机 A 的 MAC 地址，源 MAC 地址是主机 C 自己的 MAC 地址，同时 Operation Code 被设置为 reply。ARP Reply 报文通过单播传送。

　　图 2.48 中的主机 A 收到 ARP Reply 以后，会检查 ARP 报文中目的 MAC 地址是否与自己的 MAC 匹配。如果匹配，ARP 报文中的源 MAC 地址和源 IP 地址会被记录到主机 A 的

ARP 缓存表中。ARP 表项的老化超时时间缺省为 1200 s。

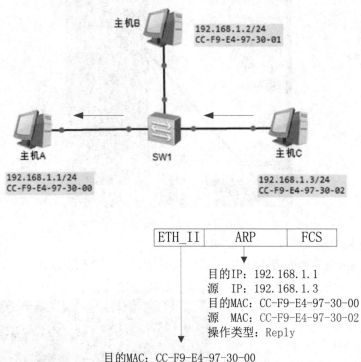

图 2.48　ARP 响应过程

3. 免费 ARP

主机被分配了 IP 地址或者 IP 地址发生变更后，必须立刻检测其所分配的 IP 地址在网络上是否唯一的，以避免地址冲突。主机通过发送 ARP request 报文来进行地址冲突检测。

主机 A 将 ARP Request 广播报文中的目的 IP 地址字段设置为自己的 IP 地址，该网络中所有主机(包括网关)都会接收到此报文。当目的 IP 地址已经被某一个主机或网关使用时，该主机或网关就会回应 ARP Reply 报文。通过这种方式，主机 A 就能探测到 IP 地址冲突了。

免费 ARP 可以用来探测 IP 地址是否冲突。

1. 计算机查看本地 ARP 缓存表

计算机查看本地 ARP 缓存表具体步骤如下所述。

(1) 点击"计算机"→"运行"，如图 2.49 所示。

图 2.49   计算机运行

(2) 在运行框中输入"cmd"，如图 2.50 所示。

(3) 输入"arp -a"命令查看计算机 ARP 缓存表，如图 2.51 所示。

图 2.50   计算机运行 cmd

图 2.51   查看计算机 ARP 缓存表

2. 搭建简单企业网络抓取 ARP 消息

使用 eNSP 仿真软件搭建简单企业网络，具体步骤见任务四中的"实践做一做"模块，通过 2 台终端 PC 机，在第一次 ping 成功时，就可抓取到 ARP 报文消息。

抓取到 ARP 报文后，请你对抓到的 ARP 报文进行解读。

任务六   传输层协议

【知识目标】

(1) 掌握传输层 TCP 协议。

(2) 掌握传输层 UDP 协议。

【能力目标】

(1) 能够读懂 TCP 协议端口号含义。

(2) 能够使用抓包软件抓到 TCP 和 UDP 消息。

知识 学习

传输层定义了主机应用程序之间端到端的连通性。传输层中最为常见的两个协议分别是传输控制协议 TCP 和用户数据包协议 UDP。

1. TCP 协议

TCP 协议位于 TCP/IP 模型的传输层。它是一种面向连接的端到端协议，可以提供可靠的传输服务。TCP 作为传输控制协议，可以为主机提供可靠的数据传输。它需要依赖网络协议为主机提供可用的传输路径，建立可靠的传输通道。

TCP 协议允许一个主机同时运行多个应用进程。每台主机可以拥有多个应用端口，每对端口号、源和目标 IP 地址的组合，唯一地标识了一个会话。

端口分为知名端口和动态端口。

有些网络服务会使用固定的端口，这类端口称为知名端口，端口号范围为 0～1023。如 FTP、HTTP、Telnet、SNMP 服务均使用知名端口。

动态端口号范围从 1024～65 535，这些端口号一般不固定分配给某个服务，也就是说许多服务都可以使用这些端口。

如果运行的程序向系统提出访问网络的申请，那么系统就可以从这些端口号中分配一个供该程序使用。端口号用来区分不同的网络服务，TCP 协议中端口号如图 2.52 所示。

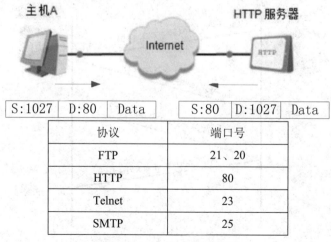

协议	端口号
FTP	21、20
HTTP	80
Telnet	23
SMTP	25

图 2.52 TCP 协议中端口号

2. TCP 建立连接

TCP 是一种可靠的，面向连接的全双工传输层协议。

TCP 连接的建立是一个三次握手的过程，如图 2.53 所示。

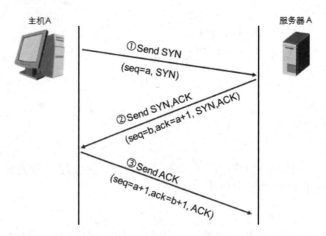

图 2.53　TCP 建立连接

主机 A(通常也称为客户端)发送一个标识了 SYN 的数据段，表示期望与服务器 A 建立连接，此数据段的序列号(seq)为 a。

服务器 A 回复标识了 SYN + ACK 的数据段，此数据段的序列号(seq)为 b，确认序列号为主机 A 的序列号加 1(a + 1)，以此作为对主机 A 的 SYN 报文的确认。

主机 A 发送一个标识了 ACK 的数据段，此数据段的序列号(seq)为 a + 1，确认序列号为服务器 A 的序列号加 1(b + 1)，以此作为对服务器 A 的 SYN 报文段的确认。

3. TCP 关闭连接

TCP 支持全双工模式的数据传输，这意味着同一时刻两个方向都可以进行数据的传输。在传输数据之前，TCP 通过三次握手建立的实际上是两个方向的连接，因此在传输完毕后，两个方向的连接必须都关闭。TCP 连接的终止要经过四次握手，如图 2.54 所示。

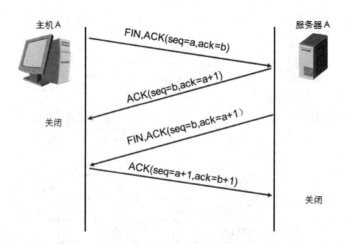

图 2.54　TCP 关闭连接

主机 A 想终止连接，于是发送一个标识了 FIN，ACK 的数据段，序列号为 a，确认序列号为 b。

服务器 A 回应一个标识了 ACK 的数据段，序列号为 b，确认序号为 a + 1，作为对主机 A 的 FIN 报文的确认。

服务器 A 想终止连接，于是向主机 A 发送一个标识了 FIN，ACK 的数据段，序列号为 b，确认序列号为 a + 1。

主机 A 回应一个标识了 ACK 的数据段，序列号为 a + 1，确认序号为 b + 1，作为对服务器 A 的 FIN 报文的确认。

以上四次交互便完成了两个方向连接的关闭。主机在关闭连接之前，要确认收到来自对方的 ACK。

4. UDP 协议

UDP 是一种面向无连接的传输层协议。当应用程序对传输的可靠性要求不高，但是对传输速度和延迟要求较高时，可以用 UDP 协议来替代 TCP 协议在传输层控制数据的转发。UDP 将数据从源端发送到目的端时，无须事先建立连接。UDP 采用了简单、易操作的机制在应用程序间传输数据，没有使用 TCP 中的确认技术或滑动窗口机制，因此 UDP 不能保证数据传输的可靠性，也无法避免接收到重复数据的情况。

使用 UDP 协议传输数据时，应用程序根据需要提供报文到达确认、排序、流量控制等功能。UDP 不提供重传机制，占用资源小，处理一些对延迟要求较高的流量(如语音和视频)时效率高。

使用 eNSP 虚拟软件自带的 Wireshark 软件进行抓取 TCP 报文和 UDP 报文，其具体步骤如下所述。

(1) 打开 Wireshark 软件，Wireshark 软件界面如图 2.55 所示。

图 2.55　Wireshark 软件界面

(2) 配置将要抓取信息的计算机端口，如图 2.56 和图 2.57 所示。

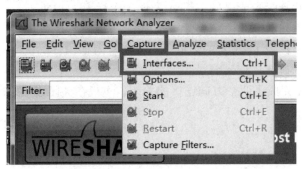

图 2.56 选择抓取端口选项

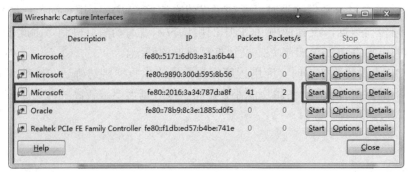

图 2.57 选择抓取具体某个端口

(3) 进行抓取 TCP 数据包和 UDP 数据包，抓取到的 TCP 数据包如图 2.58 所示，抓取到的 UDP 数据包如图 2.59 所示。

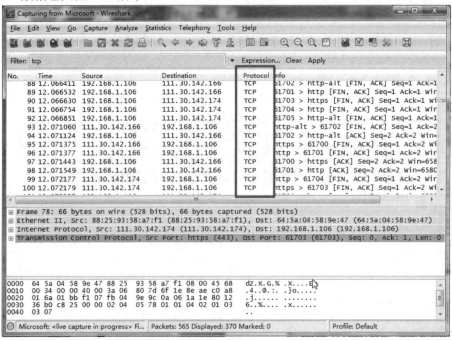

图 2.58 已抓取到的 TCP 数据包

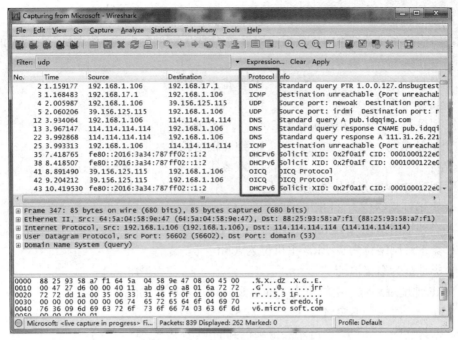

图 2.59　已抓取到的 UDP 数据包

习题 练一练

一、简答题

1. 请简述在进行计算机网络搭建时常用到的传输介质有哪些，哪种传输介质的有效传输距离最远。

2. 请简述 OSI 参考模型结构的组成。

3. 请简述 TCP/IP 参考模型结构的组成。

4. 请简述 ICMP 协议的定义。

5. 网络设备在什么情况下会发送 ARP Request？

6. 请简述 TCP 头部中有哪些标识位参与 TCP 三次握手。

二、选择题

1. OSI 参考模型中可 IP 寻址和路由选择的是(　　)。

A. 应用层　　　　　B. 表示层　　　　　　　C. 传输层　　　　　　　D. 网络层

2. Ethernet_Ⅱ 帧格式的类型字段(Type)为 IP 协议帧，取值为(　　)。

A. 0X0800　　　　　B. 0X0806　　　　　　　C. 0X0608　　　　　　　D. 0X0600

3. 在 ICMP 协议中，type=3 且 code=2，表示(　　)。

A. 网络不可达　　B. 主机不可达　　　　　C. 协议不可达　　　　　D. 端口不可达

4. ICMP 协议的作用为(　　)。

A. 传递差错信息　　　　　　　　　B. 传递控制信息

C. 传递查询信息　　　　　　　　D. 传递路由表信息

5. 在结构化布线系统中用于放置应用系统终端设备(例如电脑、传真机、电话等)的子系统为(　　　)。

A. 工作区子系统　　　　　　　　B. 垂直子系统

C. 设备间子系统　　　　　　　　D. 建筑子系统

6. 下列最长有效传输距离能达到 2000 米的介质是(　　　)。

A. 粗同轴电缆　　　　　　　　　B. 细同轴电缆

C. 光纤　　　　　　　　　　　　D. 双绞线

7. 下列对 IP 地址分类叙述正确的是(　　　)。

A. A 类地址网络位为 8 bit，主机位为 24 bit

B. B 类地址网络位为 16 bit，主机位为 16 bit

C. C 类地址网络位为 24 bit，主机位为 8 bit

D. E 类地址为组播地址

8. 在 IP 地址规划时，主机位为 8 bit，那么可用主机数为(　　　)。

A. 256　　　　B. 254　　　　C. 252　　　　D. 250

9. 数据封装中，封装数据链路层报头得到的 PDU 被称为(　　　)。

A. Segment(数据段)　　　　B. Frame(数据帧)　　　　C. Packet(数据包)

10. 在结构化布线系统中用于放置应用系统终端设备(例如电脑、传真机、电话等)的子系统为(　　　)。

A. 工作区子系统　　　　　　　　B. 垂直子系统

C. 设备间子系统　　　　　　　　D. 建筑子系统

三、判断题

1. 计算机网络的定义是以能够相互共享资源的方式连接起来，并且各自具有独立功能的计算机系统的集合。　　　　(　　)

2. TCP 协议是一种面向无连接的传输层协议。　　　　(　　)

3. OSI 参考模型物理层的基本功能是在设备之间传输比特流，但不能规定电平、速度和电缆针脚。　　　　(　　)

4. 网络层添加 IP 报头得到的 PDU 被称为 Segment(数据段)。　　　　(　　)

5. 结构化布线又称为，OCS 开放式布线系统或 PDS 综合布线系统。　　　　(　　)

学习模块三
构建交换网络

人类最早出现的交换行为是面对面的以物换物，即用自己拥有的物品与他人进行交换，从而获得自己需要的物品。今天随着网络技术的不断发展，我们的生活发生着翻天覆地的变化，网络上的互通信息(实质上就是网络上的交换行为)实现了信息资源的共享，交换网络让我们突破了地理位置上的距离，拉近了人与人之间的距离。

建设国家新型互联网交换中心，助力数字经济

2020 年，全球经历了百年未遇的大变局，数字经济成为疫情下引领创新和驱动转型的先导力量。建设国家新型互联网交换中心，是深入贯彻落实党中央、国务院决策部署，持续推动我国互联网创新发展的重要举措，也是我国互联网顶层架构多层次、立体化调整的一次创新探索。

"两个人各持一部手机，即使面对面，但若两部手机网络接入的是不同的运营商，A 手机要传送信息给 B 手机，数据信息必须先传送至当地骨干直联点，跨网后才能传送到 B 手机。"目前我国的网络交换是通过三大电信运营商在骨干直联点进行交换的，即数据还需"绕路"传输，存在数据丢失、传输时延长等技术缺陷。随着以数字经济为代表的新兴产业快速崛起，消费互联网向产业互联网转型升级，超高清视频、VR/AR、人工智能、车联网等新业务对互联网网络性能要求急剧提升，传统互联网交换模式已难以为继。

2019 年，工信部批复同意在杭州开展全国第一个新型互联网交换中心试点，目前已正式启用。

互联网交换中心是国际主流的流量交换模式，具有"一点接入、多方互通"的特点，主要用于大型云计算及数据中心、物联网、大型互联网企业及基础运营商的网络汇接交换。互联网交换中心可实现网间直达互联，降低通信成本，降低时延，数据交换不再"兜兜转转"。

新型互联网交换中心的建设，将提高数据、信息、资源互通效率，助力中小企业创新创业发展，有利于推动电子商务、云计算等互联网产业的繁荣发展，还将有效地推动 5G、人工智能、大数据等"新基建"关键领域的数字经济发展。

【素质目标】

(1) 提升民族自豪感，培养家国情怀。

(2) 培养科学意识和创新思维。

(3) 培养严谨的工作作风和工匠精神。

任务一　交换网络基础

【知识目标】

(1) 掌握交换网络的转发行为。

(2) 掌握交换机的工作原理。

【能力目标】

(1) 能够查看交换机的 MAC 地址表。

(2) 能够分析交换机的转发行为。

知识学习

常见的以太网设备包括 Hub、交换机等。交换机工作在数据链路层，它能有效地隔离以太网中的冲突域，极大地提升以太网的性能。

1. 交换机概述

交换机是作为数据链路层中的网桥，其实物如图 3.1 所示。网桥在连接两个局域网时起帧转发的作用，它允许每个局域网上的站点与其他站点进行通信，就如同扩展的局域网。为了有效地转发数据帧，网桥自动存储接收来的帧，通过查找地址映射表来进行寻址，并将接收的帧的格式转换成目的局域网帧的格式，然后将转换后的帧转发到对应的端口上。交换机属于多端口的网桥，因此在交换机上可连接多个冲突检测域，即对应着多个网段。

图 3.1　S2730S-S 系列交换机实物图

下面介绍两个关键的概念：广播域和冲突域。

(1) 广播域：彼此接收广播消息的一组网络设备。

(2) 冲突域：连接到同一个物理介质的一组设备，如有两台设备同时访问介质，结果就是两个信号冲突。

例如，在集线器中，将所有设备都连接到同一物理介质上，则集线器是单一冲突域。

如果一个站点发出一个广播,集线器将它传播给所有其他站点,则它也是一个单一广播域。

当交换机接收到一个帧时,要检测该帧是否需要转发到其他连接的网段上。当交换机监听到一帧数据时,它检查目的地址和转发表,并进行对照、判断是否需要过滤、转发或泛洪。如果目的设备与该帧在同一个网段上,则交换机就阻塞到其他网段的端口,这个过程称为过滤;如果目的设备与该帧不在同一个网段上,则将该帧转发到相应的网段上;如果网桥不认识目的地址,则将该帧转发到除本网段外的所有网段,这个过程称为泛洪。

因为通过监听源地址不可能了解所有的站点,也不了解广播地址,因此所有的广播总是泛洪到该交换机上的所有网段,交换机网络环境内的所有网段被看作在同一个广播域中。交换机提供了极好的通信管理功能,它的用途是减少冲突。交换机为每一个网段定义自己的冲突域,因此一个交换机中包含多个冲突域。当两个或更多的帧需要一个网段时,为了减少冲突,这些帧一直存储在交换机的内存中,直到该网段可用为止。

2. 交换机的分类及特性

根据网络的层次化架构,交换机被分为接入层交换机、汇聚层交换机和核心层交换机。

接入层交换机是最常见的一种交换机,其特征是端口数量少,为信息点小于 100 台的计算机联网提供交换环境,对带宽的要求不高,网络的扩展性不高,一般为固定配置,而非模块化配置。

汇聚层交换机可以是固定配置,也可以是模块配置,一般有光纤接口。

核心层交换机属于高端交换机,采用模块化的结构,作为网络骨干构建高速局域网。核心层交换机仅作为网络的骨干交换机。

3. 交换机的交换行为

交换机中缓存有一个 MAC 地址表,里面存放了 MAC 地址与交换机端口的一一映射关系。图 3.2 所示为小型交换网络拓扑图,交换机的 MAC 地址表如表 3.1 所示。

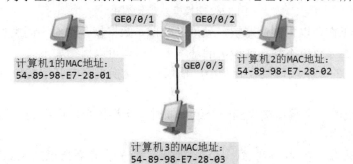

图 3.2 小型交换网络拓扑图

表 3.1 小型交换网络交换机 MAC 地址表

MAC 地址	端口号
54-89-98-E7-28-01	GE0/0/1
54-89-98-E7-28-02	GE0/0/2
54-89-98-E7-28-03	GE0/0/3

交换机对数据帧的操作行为有三种,分别为泛洪、转发、丢弃。

(1) 泛洪：交换机的一个端口给其余所有端口都发送数据帧的行为，如图 3.3 所示。

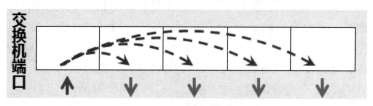

图 3.3 交换机泛洪示意图

(2) 转发：是指查阅 MAC 地址表后，交换机的一个端口给对应的某个端口发送了数据帧的行为，如图 3.4 所示。

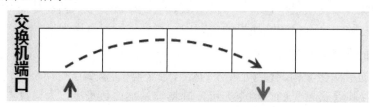

图 3.4 交换机转发示意图

(3) 丢弃：是指查阅 MAC 地址表后，交换机将此端口收到的数据帧直接丢掉的行为，如图 3.5 所示。

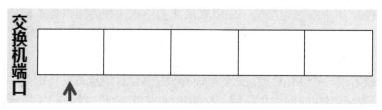

图 3.5 交换机丢弃示意图

交换机主要工作在以太网链路层，处理的数据是数据帧。针对不同类型的数据帧，交换机的交换行为也会有所不同。交换机的基本工作原理可以概括如下：

(1) 当交换机的一个端口接收到一个广播帧时，交换机会向其他端口进行泛洪此广播帧的操作。

(2) 当交换机的一个端口接收到一个组播帧时，交换机会向同组的其他端口进行组内泛洪此广播帧的操作。

(3) 当交换机的一个端口接收到一个单播帧时，首先会查看自己的 MAC 地址表，如果此单播帧为未知单播帧，即在 MAC 地址表中没有找到此单播帧所对应的 MAC 地址表项，则交换机会对这个未知单播帧进行泛洪操作，如果此单播帧为已知单播帧，即可以在 MAC 地址表中找到此单播帧所对应的 MAC 地址表项，则要依据 MAC 地表内的信息判断此已知单播帧的目的 MAC 地址所对应的端口与接收到这个已知单播帧的端口是否相同，如果相同，则交换机进行丢弃操作，如果不同，则交换机进行有目的的转发操作。

4. MAC 地址表的建立

MAC 地址表内的信息在一定时间内缓存在交换机里，这个时间范围就叫老化时间。MAC 地址表的建立方法常分为静态配置和动态学习。静态配置是指由网络管理员手工配置 MAC 地址，无老化时间。MAC 地址表的动态学习是指将交换机读取数据帧的源 MAC 地址与收到此数据帧的物理接口的一一对应关系记录到 MAC 地址表中。

当公司购入一台新交换机时,这台交换机从没有接收过任何数据帧,我们定义这台交换机在初始化状态,其 MAC 地址表为空。

下面以图 3.2 所示的小型交换网络为例,讲解 MAC 地址表的建立过程。

(1) 交换机处于初始化状态,其 MAC 地址表为空,如表 3.2 所示。

表 3.2　小型交换网络交换机 MAC 地址表

MAC 地址	端口号

(2) 当计算机 1 第一次给计算机 3 发送一个信息时,不知道计算机 3 的 MAC 地址与 IP 地址的对应关系,所以会给计算机 3 发送一个 ARP 请求报文。

(3) 交换机接收到计算机 1 发出的 ARP 请求报文后,由于此报文的目的 MAC 地址是一个广播地址,即 ARP 请求报文为广播帧,所以会进行泛洪操作,并将此 ARP 请求报文的源 MAC 地址和接收报文的端口号存入自己的 MAC 地址表中,如表 3.3 所示。

表 3.3　小型交换网络交换机 MAC 地址表

MAC 地址	端口号
54-89-98-E7-28-01	GE0/0/1

(4) 由于交换机泛洪,因此计算机 2 和计算机 3 都收到了计算机 1 发出的 ARP 请求报文。

(5) 计算机 2 收到 ARP 请求报文后发现不是找自己的报文,就将此报文丢掉。

(6) 计算机 3 收到 ARP 请求报文后发现是找自己的报文,则给计算机 1 单播回复一个 ARP 回复报文。

(7) 交换机接收到计算机 3 发出的 ARP 单播回复报文后,由于此报文的目的 MAC 地址是计算机 1 的 MAC 地址,因此可以在 MAC 地址表中找到对应表项,依据 MAC 地址表中的信息,通过 GE0/0/1 端口向计算机 1 进行转发此 ARP 回复报文的操作,并将此 ARP 回复报文的源 MAC 地址和接收报文的端口号存入自己的 MAC 地址表中,至此计算机 1 与计算机 3 相互通信的 MAC 地址表表项建立完成,如表 3.4 所示。

表 3.4　小型交换网络交换机 MAC 地址表

MAC 地址	端口号
54-89-98-E7-28-01	GE0/0/1
54-89-98-E7-28-03	GE0/0/3

实践 做一做

使用 eNSP 虚拟软件搭建简易企业网络，查看 MAC 地址表，其具体步骤如下所述。

(1) 使用 eNSP 虚拟软件搭建简易企业网络(2 台终端设备＋1 台交换机)，如图 3.6 所示。

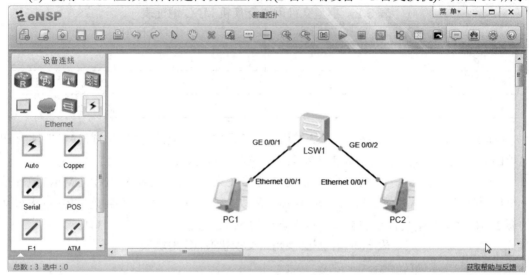

图 3.6 简单交换网络拓扑图

(2) 2 台终端设备配置 IP 地址和子网掩码，如图 3.7 和图 3.8 所示，其中 PC1 的 IP 地址为 192.168.1.31，PC2 的 IP 地址为 192.168.1.32。

图 3.7 配置终端设备 PC1 的 IP 地址和子网掩码

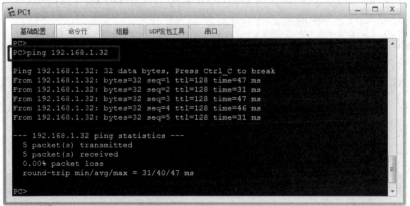

图 3.8 配置终端设备 PC2 的 IP 地址和子网掩码

(3) 检验 2 台终端设备的网络连通性(使用命令 ping)。ping 命令执行后如图 3.9 所示。

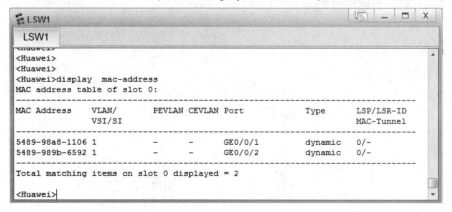

图 3.9 执行 ping 命令

(4) 查看交换机 MAC 地址表(命令为 display mac-address),如图 3.10 所示。

图 3.10 查看交换机 MAC 地址表

任务二　STP 原理与配置

【知识目标】

(1) 了解 STP 的定义。

(2) 掌握 STP 的作用。

【能力目标】

(1) 能够进行 STP 的配置。

(2) 能够分析 STP 的选举。

知识 学习

在层次化网络架构中，为了提高网络可靠性，交换网络中通常会使用冗余链路。然而，冗余链路会给交换网络带来环路风险，并导致广播风暴以及 MAC 地址表不稳定等问题，进而影响到用户的通信质量。生成树协议(Spanning Tree Protocol，STP)可以在提高可靠性的同时避免环路带来的各种问题。

1. 交换网络中的环路

随着局域网规模的不断扩大，越来越多的交换机用来实现主机之间的互连。如果交换机之间仅使用一条链路互连，则可能会出现由于单点故障而导致业务中断的现象。为了解决此类问题，交换机在互连时一般都会使用冗余链路来实现备份。冗余链路虽然增强了网络的可靠性，但是也会产生环路。简单来说，环路是一个闭合的连续线路。

环路有二层和三层之分。如果一个环路是由网络设备处理数据帧而引发的，则称为二层环路；如果一个环路是由网络设备处理 IP 数据包而引发的，则称为三层环路。

环路会给网络带来一系列问题，继而导致通信质量下降和通信业务中断等问题。其中最常见的环路引发的问题为广播风暴和 MAC 地址表振荡。

下面以一个简单的二层环路为例来探究环路问题。此网络由 3 台交换机和 2 台计算机组成，形成环路，如图 3.11 所示。

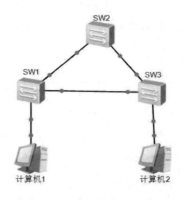

图 3.11　简单的二层环路

1) 广播风暴

根据交换机的转发原则，如果交换机从一个端口上接收到的是一个广播帧，或者一个目的 MAC 地址未知的单播帧，则会进行泛洪操作。如果交换网络中有环路，则这个帧会被无限转发，此时便会形成广播风暴，网络中也会充斥着重复的数据帧。

在图 3.11 所示的网络中，假设 SW1 接收到了 1 个由计算机 1 发送的广播帧，则会进行泛洪操作。在广播帧向 SW2 泛洪的过程中，SW2 收到此广播帧后，会向 SW3 进行泛洪操作，SW3 收到此广播帧后，再向 SW1 和计算机 2 进行泛洪。以此类推，SW1 向 SW3 泛洪广播帧的整体过程也会使此广播帧再次回到 SW1 处，这种循环会一直持续。这仅仅是 1 个广播帧在环路中的传输情况，并且这个过程会无限循环，形成风暴，即广播风暴。在以太网中充斥着大量的广播帧，并由环路中的网络设备进行持续处理。因此，广播风暴会引发网络设备的 CPU 资源被大量消耗，并且导致网络不能正常通信。

2) MAC 地址表振荡

每个交换机中都缓存着一个 MAC 地址表，里面存放着 MAC 地址和交换机端口的一一对应关系。在图 3.11 所示的网络中，假设 SW1 第一次接收到的数据帧为计算机 1 发送的一个广播帧，则 SW1 会将计算机 1 的 MAC 地址和端口 GE0/0/1 存到自己的 MAC 地址表中，并向 SW2 和 SW3 泛洪。下面先分析向 SW2 泛洪广播帧的过程。SW2 收到此广播帧后，会向 SW3 泛洪，SW3 收到此广播帧后，向 SW1 和计算机 2 进行泛洪，此时，SW1 再一次收到了这个广播帧，其 MAC 地址不变，但收到这个广播帧的端口变为了 GE0/0/2。这时 SW1 将原先存储的包含计算机 1 的 MAC 地址的表项更新为计算机 1 的 MAC 地址和端口 GE0/0/2，这就是 MAC 地址表振荡。

当然 SW1 向 SW3 泛洪广播帧时，也会造成 MAC 地址表振荡。网络中大量的广播帧泛洪会造成交换机持续的 MAC 地址表振荡。因此，引发网络设备的 CPU 资源被大量消耗，并且导致网络不能正常通信，造成网络瘫痪。

那么如何解决网络中的环路问题呢？STP 应运而生。

2. STP 的定义及作用

STP 是 Spanning Tree Protocol 的英文缩写，即生成树协议。

在以太网中，交换机开启生成树协议之后，会依据特定的规则进行选举，最终选出一个根交换机和阻塞端口，使网络拓扑变为树状拓扑，网络业务数据依照树状拓扑进行转发操作。

STP 的主要作用有两个：一个是解决环路问题，选出根交换机和阻塞端口后，阻塞端口暂时无法传输数据，暂时断路，形成了树型活动链路；另一个是提供冗余备份，当活动链路发生故障后，会启用之前选出的阻塞端口，阻塞端口导通，恢复网络的连通性，使网络可以正常通信。

3. STP 的选举机制

生成树协议就是利用 STP 算法将二层环路网络演变为树型拓扑，以解决环路问题。需要特别注意的是，在 STP 网络中，STP 算法是由交换机自主完成的。下面以 3 台交换机组成的 STP 网络(如图 3.12 所示)为例来详解 STP 选举机制。

STP 网络包含了 2 种交换机角色，即根桥(root)和非根桥，还包含了 3 种端口角色，即根端口(R 口)、指定端口(D 口)和预备端口(A 口)。

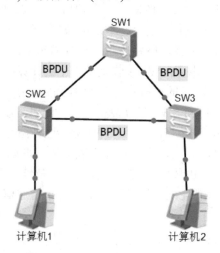

图 3.12   STP 网络

在 STP 计算过程中，交换机是通过读取交互的 BPDU 报文来计算生成树的。BPDU 也叫网桥协议数据单元，其中包括了很多参数，主要有根 ID、根路径开销、端口 ID 和发送者桥 ID 等。图 3.12 中的网络设备的 STP 参数如表 3.5 所示。

表 3.5   网络设备的 STP 参数

网络设备名称	优先级	MAC 地址
SW1	4096	54-89-98-E7-28-01
SW2	32768	54-89-98-E7-28-02
SW3	32768	54-89-98-E7-28-03

STP 的选举过程主要包含 4 个步骤：第一、选举 1 个根桥；第二、每个非根桥选举 1 个根端口；第三、每个网段选择 1 个指定端口；第四、阻塞预备端口。下面我们逐步进行详解。

(1) 选举 1 个根桥(root)。根桥的选举规则为：在 STP 网络中的每一个交换机都参加根桥选举，每个交换机向外发送自己的 BPDU 报文。根据交互的 BPDU，比较其中根 ID 数值的大小，数值越小越优先。其中，根 ID 由优先级加上 MAC 地址组成。对比表 3.5 中的数据可知，图 3.12 中的 SW1 被选举为根桥 root。

(2) 选举根端口(R 口)。根端口的选举规则为：非根桥上有且仅有一个根端口。没有更改根路径开销的情况下，非根桥与根桥直接相连的那个端口一定是根端口。可以比较根路径开销(RPC)，数值越小越优先。

根路径是指从非根桥的端口出发，一直到达根桥的路径。根路径开销是指到根路径的总开销。对比图 3.13 和表 3.5 中的数据可知，SW2 和 SW3 的 GE0/0/1 端口为根端口。

(3) 选举指定端口(D 口)。指定端口的选举规则为：一个网段上有且仅有一个指定端口。根桥上的端口都为指定端口。比较根路径开销(RPC)，数值越小越优先。比较发送者桥 ID，即交换机的优先级加 MAC 地址，数值越小越优先。比较端口 ID，即交换机优先级加端口号，数值越小越优先。对比图 3.14 和表 3.5 中的数据可知，SW1 的 GE0/0/1 端口、GE0/0/2

端口和 SW2 的 GE0/0/2 端口均为指定端口。

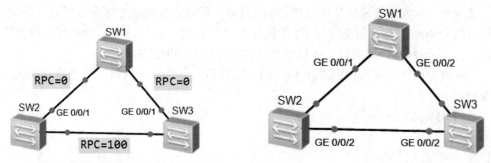

图 3.13 STP 网络根路径开销   图 3.14 STP 网络选举指定端口

(4) 阻塞预备端口(A 口)。预备端口的选举规则为：既不是根端口也不是指定端口的端口即为预备端口。阻塞掉预备端口之后，STP 计算完成。对比图 3.14 和表 3.5 中的数据可知，SW3 的 GE0/0/2 端口为预备端口。

至此，STP 选举完成。

4. STP 端口状态

在 STP 网络中，运行 STP 协议的设备端口状态有 5 种，分别为 Forwarding 状态、Learning 状态、Listening 状态、Blocking 状态和 Disabled 状态。

Forwarding 转发状态，在此状态时，端口既可转发用户流量也可转发 BPDU 报文，只有根端口或指定端口才能进入 Forwarding 状态。

Learning 学习状态，在此状态时，端口可根据收到的用户流量构建 MAC 地址表，但不转发用户流量。

Listening 侦听状态，在此状态时，端口可以转发 BPDU 报文，但不能转发用户流量。

Blocking 阻塞状态，在此状态时，端口仅仅能接收并处理 BPDU，不能转发 BPDU，也不能转发用户流量。此状态是预备端口(A 口)的最终状态。

Disabled 禁用状态，在此状态时，端口既不处理和转发 BPDU 报文，也不转发用户流量。

5. STP 的配置

要进行 STP 配置，首先要在一个环路网络中的交换机上开启 STP 协议，具体配置命令如下：

```
[S1]stp mode stp
```

默认情况下，华为交换机的优先级都为 32768。由 STP 选举根桥的选举规则可知，要对比根 ID 数值的大小，而根 ID 的构成为优先级加 MAC 地址。MAC 地址人为不能更改，具有唯一性。所以我们可以通过配置命令来影响 STP 计算中根桥的选举吗？可以。下面简要介绍 2 种最常用的方法。

(1) 手工指定根桥和非根桥，具体命令如下：

```
[S1]stp root primary              //手工指定交换机 S1 为主根桥
[S1]stp root secondary            //手工指定交换机 S1 为备份根桥
```

(2) 手动更改交换机的优先级数值，这个数值只能是 4096 的倍数，具体命令如下：

```
[S1]stp priority 4096             //配置交换机 S1 的优先级为 4096
```

[S2]stp priority 8192　　　　　　//配置交换机 S2 的优先级为 8192

请注意，华为交换机默认优先级都为 32768，所以如果通过上述命令仅将交换机 S1 的优先级改为 4096，并且将交换机 S2 的优先级改为 8192，则网络中交换机优先级数值的大小关系为 S1<S2<其他交换机。所以交换机 S1 为网络中的根桥。

当配置完网络中交换机的 STP 协议相关配置后，可通过下列命令来查看交换机的 STP 相关信息。

[S1]display stp

实践 做一做

假设你是公司的网络管理员，为了避免网络中的环路问题，需要在网络中的交换机上配置 STP。你还需要通过手工制定和修改桥优先级两种方法来控制 STP 的根桥选举。操作步骤如下所示。

(1) 按照公司网络拓扑图进行企业网络搭建，如图 3.15 图。

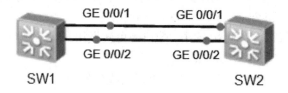

图 3.15　某企业网络拓扑图

(2) SW1 配置 STP 并验证，具体命令如下：

<Huawei>system-view

[Huawei]sysname S1

[S1]stp mode stp

[S1]stp root primary　　　//手工指定交换机 S1 为主根桥

(3) SW2 配置 STP 并验证，具体命令如下：

<Huawei>system-view

[Huawei]sysname S2

[S2]stp mode stp

[S2]stp root secondary　　　//手工指定交换机 S2 为备份根桥

(4) 执行 display stp brief 命令，分别查看 S1 与 S2 的 STP 信息。

(5) 控制 STP 根桥选择。基于企业业务对网络的需求，一般建议手动指定网络中配置高、性能好的交换机为根桥。可以通过配置桥优先级来指定网络中的根桥，以确保企业网络里面的数据流量使用最优路径转发。对于已经手工指定的根桥和非根桥，要先将之前的手工指定命令取消，具体命令如下：

[S1]undo stp root

[S1]stp priority 8192　　　　//配置 S1 的优先级为 8192

[S2]undo stp root

[S2]stp priority 4096　　　　　//配置 S2 的优先级为 4096

(6) 执行 display stp 命令，分别查看 S1 与 S2 的 STP 的详细信息。

任务三　RSTP 原理与配置

【知识目标】

(1) 掌握 RSTP 原理与配置。

(2) 掌握 RSTP 的作用。

【能力目标】

(1) 能够进行 RSTP 的配置。

(2) 能够分析 RSTP 的选举。

知识学习

　　STP 协议可以解决环路问题，也可以提供冗余备份链路，但 STP 协议的收敛是依靠计时器来完成的，所以收敛时间较慢。如果当一个环路网络在短时间内频繁地出现拓扑图变化时，哪怕此网络采用了 STP 协议，也可能会无法正常通信。这是因为出现 STP 协议基于计时器还没完成 STP 计算，但环路网络拓扑又发生变化了。为了改进 STP 协议收敛速度慢的问题，RSTP 被提出。

1. RSTP 原理及端口

　　快速生成树协议 RSTP(Rapid Spanning-Tree Protocol)是在 STP 协议基础上开发的协议。它解决了 STP 协议依靠计时器收敛慢的问题，应用了 P/A 协商机制。P/A 协商机制可以让网络中的一条链路快速进入转发状态。RSTP 协议既解决了环路问题，又可提供冗余链路，还同时可以快速完成收敛。在网络中，RSTP 协议完全向下兼容 STP 协议。

　　在配置 RSTP 协议时，有可能会发生配置根桥错误的情况，如果发生的配置错误，往往有可能造成网络振荡，影响网络正常通信，所以为了提升网络的安全性，RSTP 协议提供了很多的保护功能，如 BPDU 保护、根(root)保护、环路保护等。

　　STP 协议包含了 3 种端口角色，即根端口(R 口)、指定端口(D 口)和预备端口(A 口)，而RSTP 协议优化后，为 5 种端口角色，即根端口(R 口)、指定端口(D 口)、预备端口(A 口)、备份端口(B 口)和边缘端口。下面我们详细解释一下 RSTP 协议中的 5 种端口。

　　(1) 根端口(R 口)是非根桥接收到最优 BPDU 的端口，即在非根桥上根路径开销(RPC)最小的端口，与 STP 协议中的含义相同，选举机制也相同。非根桥上有且仅有一个根端口，没有更改根路径开销的情况下，非根桥与根桥直连的那个端口一定是根端口。

　　(2) 指定端口(D 口)的含义也与 STP 协议相同。一个网段上有且仅有一个指定端口。根桥上的端口都为指定端口。可以比较根路径开销(RPC)，数值越小越优先。比较发送者桥 ID，即交换机的优先级加 MAC 地址，数值越小越优先。比较端口 ID，即交换机优先级加端口号，数值越小越优先。

(3) 预备端口(A 口)是 RSTP 网络中根端口(R 口)的备份，当根端口发生故障不能通信，即到根桥的路径发生了故障，预备端口会被启用，预备端口为网络提供了一条从非根桥到根桥的备份链路。

(4) 备份端口(B 口)是 RSTP 网络中指定端口(D 口)的备份，当指定端口发生故障不能通信时，备份端口会被启用，为网络提供一条从根桥到某网段的备份路径。值得注意的是，备份端口一定在非根桥上，常见的备份端口为交换机上产生自环的端口，如图 3.16 所示。

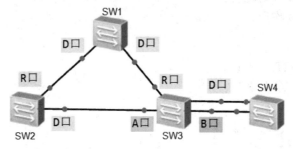

图 3.16   RSTP 协议备份端口

(5) 边缘端口是位于交换网络边缘的端口，这个端口不参与 RSTP 协议的相关计算，不会接收 RSTP 协议中的 BPDU 报文。一旦一个边缘端口接收了 BPDU 报文，则此边缘端口就不再是边缘端口，会变为一个普通的 STP 端口，即网络产生了拓扑变化，造成 STP 重新计算。一般情况下，边缘端口是非根桥上与终端设备直接相连的端口，如非根桥直连服务器、计算机或重要信息插座的端口，如图 3.17 所示。

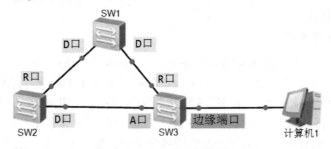

图 3.17   RSTP 协议边缘端口

边缘端口开启后立刻进入转发数据流量状态，当其开启或者断开时不会影响网络拓扑发生变化，并且当 RSTP 协议进行 P/A 协商时，不会将边缘端口堵塞掉。

2. RSTP 端口状态

对比 STP 协议的 3 种端口角色，RSTP 协议优化为 5 种端口角色，但 RSTP 协议把原来 STP 协议的 5 种端口状态简化成了 3 种端口状态，分别为 Discarding 禁止状态、Learning 学习状态和 Forwarding 转发状态。

Discarding 禁止状态：在此状态时端口仅仅能接收 BPDU 报文，但不能转发数据流量，也不进行 MAC 地址的学习。

Learning 学习状态：在此状态时端口接收并处理 BPDU 报文，但不能转发数据流量，会进行 MAC 地址表的学习，进而构建 MAC 地址表。

Forwarding 转发状态：在此状态时端口接收并处理 BPDU 报文，可以转发数据流量，也会进行 MAC 地址表的学习。

STP 协议与 RSTP 协议的端口角色及端口状态对比信息如表 3.6 所示。

表 3.6　STP 协议与 RSTP 协议端口角色及端口状态对比表

端口角色		端口状态	
STP	RSTP	STP	RSTP
根端口(R口)	根端口(R口)	Disabled 禁用状态	Discarding 禁止状态
指定端口(D口)	指定端口(D口)	Blocking 阻塞状态	Learning 学习状态
预备端口(A口)	预备端口(A口)	Listening 侦听状态	Forwarding 转发状态
	备份端口(B口)	Learning 学习状态	
	边缘端口	Forwarding 转发状态	

3. RSTP 收敛过程

一般运行 STP 协议的收敛过程会花费 30～50 s 的时间，RSTP 虽然遵循了 STP 的基本原理，但是引入了 P/A 协商机制，可以快速使端口进入转发数据流量的状态，迅速完成收敛，下面简要介绍 RSTP 的收敛过程。

首先，在 RSTP 网络中的交换机，都认为自己是根桥，都参与根桥 root 选举，此时所有端口都为指定端口(D口)。

然后，交换机会同步发送自己的 BPDU 报文，进行 BPDU 报文交互，在这个过程中，依据报文中的信息以及各端口的选举机制，同步协商管理交换机的端口角色和端口状态。最终确定出 RSTP 网络中交换机的所有端口的端口角色及其端口状态，完成 RSTP 收敛。一般情况下，RSTP 网络中，端口由 Discarding 禁止状态转变到 Forwarding 转发状态会非常迅速，通常为秒级转换。

在一个环路网络中，如果交换机既有使用 RSTP 协议，又有使用 STP 协议时，RSTP 协议的交换机会兼容 STP 协议的交换机，但是这样就失去了 RSTP 协议的快速收敛优势。在网络搭建中，应尽量避免这样的规划与部署。

4. RSTP 的配置

要进行 RSTP 配置，首先要在一个环路网络中的交换机上开启 RSTP 协议，具体配置命令如下：

```
[S1]stp mode rstp
```

RSTP 选举根桥的规则与 STP 协议相同，都为比较根 ID 数值大小，数值越小越优先。影响根桥选举的常见命令也与 STP 协议相同，具体命令如下所述。

(1) 手工指定根桥和非根桥，具体命令如下：

```
[S1]stp root primary          //手工指定交换机 S1 为主根桥
[S1]stp root secondary        //手工指定交换机 S1 为备份根桥
```

(2) 手动更改交换机的优先级数值，这个数值只能是 4096 的倍数，具体命令如下：

```
[S1]stp priority 4096         //配置交换机 S1 的优先级为 4096
[S2]stp priority 8192         //配置交换机 S2 的优先级为 8192
```

请注意，华为交换机默认优先级都为 32 768，如果通过上述命令仅将交换机 S1 的优先级改为 4096，并且将交换机 S2 的优先级改为 8192，则网络中交换机优先级数值的大小关系为 S1 < S2 < 其他交换机。所以交换机 S1 为网络中的根桥。

手工指定过根桥后，可以开启根保护功能，假设指定交换机 S1 为根桥，则需要在交换机 S1 的指定端口上设置根保护命令，具体命令如下：

[S1] interface GigabitEthernet 0/0/1　　　　　　　//进入交换机 S1 的 GE0/0/1 端口

[S1-GigabitEthernet0/0/1] stp root-protection　　　//设置 GE0/0/1 端口开启根保护功能

RSTP 网络中如果出现了边缘端口，即在非根桥与终端设备直连的端口上可以进行相应的配置，假设交换机 S2 的 GE0/0/3 端口与一台计算机直连，则具体命令如下：

[S2] interface GigabitEthernet 0/0/3　　　　　　　//进入交换机 S2 的 GE0/0/3 端口

[S2-GigabitEthernet0/0/3] stp edged-port enable　　//设置 GE0/0/3 端口为边缘端口

边缘端口在 RSTP 网络中不参与相关计算，也不接收 BPDU 报文，为了防止网络因为边缘端口接收 BPDU 而产生振荡，可以将具有边缘端口的交换机开启 BPDU 保护功能，交换机 S2 的 GE0/0/3 为边缘端口，则具体命令如下：

[S2] stp bpdu-protection　　　　　　　　　　　　//设置交换机 S2 开启 BPDU 保护功能

当配置完网络中交换机的 RSTP 协议相关配置后，可以通过下列命令来查看交换机的 STP 相关信息。

[S1]display stp

实践 做一做

假如你是公司的网络管理员，为了避免网络中的环路问题，需要在网络中的交换机上配置 RSTP。你还需要通过手动指定根桥来控制 RSTP 的根桥选举，公司要求将交换机 S1 设置为根桥，并通过配置 STP 的一些特性来加快 STP 的收敛速度。操作步骤如下所示。

(1) 按照图 3.18 公司网络拓扑图进行企业网络搭建。

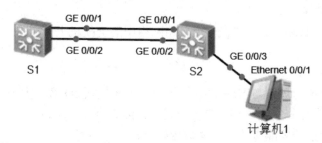

图 3.18　公司网络拓扑图

(2) 配置交换机 S1 开启 RSTP 协议，并手工指定其为根桥，具体命令如下：

<Huawei>system-view

[Huawei]sysname S1

[S1]stp mode rstp　　　　　　　//交换机 S1 开启 RSTP 协议

        [S1]stp root primary   //手工指定交换机 S1 为主根桥

(3) 配置交换机 S2 开启 RSTP 协议,并手工指定其为备份根桥,具体命令如下:

        <Huawei>system-view

         [Huawei]sysname S2

        [S2]stp mode rstp   //交换机 S2 开启 RSTP 协议

        [S2]stp root secondary   //手工指定交换机 S2 为备份根桥

(4) 查看交换机 S1 和交换机 S2 的 RSTP 详细信息,具体命令如下:

        [S1]display stp brief

        [S2]display stp brief

(5) 设置交换机 S2 的 GE0/0/3 端口为边缘端口,具体命令如下:

        [S2] interface GigabitEthernet 0/0/3

        [S2-GigabitEthernet0/0/3] stp edged-port enable //GE0/0/3 端口设置边缘端口

(6) 设置交换机 S2 开启 BPDU 保护功能,具体命令如下:

        [S2] stp bpdu-protection   //设置交换机 S2 开启 BPDU 保护功能

(7) 查看交换机 S1 和交换机 S2 的 RSTP 详细信息。

任务四   VLAN 原理与配置

【知识目标】

(1) 掌握 VLAN 的概念。

(2) 了解 VLAN 的分类。

(3) 掌握 VLAN 的配置方法。

【能力目标】

(1) 能够对交换机进行 VLAN 配置。

(2) 能够对多交换机进行跨交换机的 VLAN 配置。

知识 学习

1. VLAN 技术概述

    虚拟局域网(Virtual Local Area Network,VLAN)是一种将局域网设备从逻辑上划分成一个个网段,从而实现虚拟工作组的数据交换技术。这一技术一般应用于交换机和路由器中,但更多应用还是在交换机之中。VLAN 是一个在物理网络中,根据用途、工作组、应用等,按照逻辑划分的局域网络,是一个广播域,与用户的物理位置没有关系。

    虚拟局域网的使用能够方便地进行用户的增加、删除、移动等工作,提高网络管理的效率。VLAN 技术具有以下特点。

    (1) 每个 VLAN 是一个广播域。VLAN 内的主机间通信类似于在一个 LAN 内,而 VLAN 间则不能直接互通,因此广播报文被限制在一个 VLAN 内。这种应用的典型例子有,在一个小公司内部，只有一个局域网，为了网络安全或者隔离部门的需要，把局域网内部再次划分为若干个 VLAN。

(2) VLAN 在使用带宽、灵活性、性能等方面，都显示出很大优势。VLAN 概念的引入，使交换机承担了网络的分段工作。通过使用 VLAN，能够把原本一个物理的局域网划分成很多个逻辑意义上的子网，而不必考虑具体的物理位置，每一个 VLAN 都可以对应一个逻辑单位，如部门、车间和项目组等。

(3) VLAN 提高了网络的安全性。广播流量被限制在软定义的边界内，提高了网络的安全性。由于在相同 VLAN 内的主机间传送的数据不会扩散到其他 VLAN 上的主机，因此减少了数据窃听的可能性，极大地增强了网络的安全性。

(4) VLAN 能够在网络内划分网段或者微网段，提高网络分组的灵活性。VLAN 技术通过把网络分成逻辑上的不同广播域，使网络上传送的包只与位于同一个 VLAN 的端口之间交换。这样就限制了某个局域网只与同一个 VLAN 的其他局域网互联，避免浪费带宽。对于改善网络配置规模的灵活性，尤其是在支持广播/多播协议和应用程序的局域网环境中，当遭遇到如潮水般涌来的包时，在 VLAN 结构中，可以轻松地拒绝其他 VLAN 的包，从而大大减少网络流量。

2. VLAN 的分类

虚拟局域网是一种软技术，如何分类将决定此技术在网络中能否发挥出预期效果。下面将介绍虚拟局域网的分类及特性。常见的虚拟局域网分类有三种——基于端口、基于硬件 MAC 地址、基于网络层。

1) 基于端口

基于端口的虚拟局域网划分是比较流行和最早的划分方式，其特点是将交换机按照端口进行分组，每一组定义为一个虚拟局域网。这些交换机端口的分组可以在一台交换机上，也可以跨越几个交换机。

端口分组目前是定义虚拟局域网成员最常用的方法，配置直截了当，是我们要讨论的 VLAN 划分方法。这种 VLAN 的特点是一个虚拟局域网的各个端口上的所有终端都在一个广播域中，它们相互可以通信，不同的虚拟局域网之间进行通信需经过路由来进行。

2) 基于硬件 MAC 地址

这种方式的虚拟局域网，交换机对终端的 MAC 地址和交换机端口进行跟踪，在新终端入网时，根据已经定义的虚拟局域网——MAC 对应表，将其划归至某一个虚拟局域网。无论该终端在网络中如何移动，由于其 MAC 地址保持不变，都不需进行虚拟局域网的重新配置。这种划分方式减少了网络管理员的日常维护工作量，不足之处在于所有的终端必须被明确地分配在一个具体的虚拟局域网，任何时候增加终端或者更换网卡，都要对虚拟局域网数据库调整，以实现对该终端的动态跟踪。

3) 基于网络层

基于网络层的虚拟局域网划分也叫作基于策略(POLICY)的划分，是这几种划分方式中最高级也是最为复杂的，常用于有线或者无线的工业网络中。基于网络层的虚拟局域网使用协议或网络层地址(如 TCP/IP 中的子网段地址)来确定网络成员。利用网络层定义虚拟网有以下几点优势：第一，这种方式可以按传输协议划分网段；第二，用户可以在网络内部自由移动而不用重新配置自己的工作站；第三，这种类型的虚拟网可以减少由于协议转换而造成的网络延迟。

3. VLAN 的链路类型

对一个虚拟局域网来说，同一个 VLAN 下的网络设备可以相互通信，不同 VLAN 下的网络设备不能通信，VLAN 的链路类型有两种，分别为接入链路(Access Link)和干道链路(Trunk Link)，如图 3.19 所示。其中，接入链路是用户主机和交换机之间的链路；干道链路是交换机与交换机之间的链路。

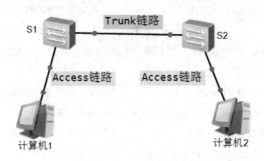

图 3.19　VLAN 链路类型

交换机上的端口结合 VLAN 技术也可以分为两种，分别为 Access 端口和 Trunk 端口，如图 3.20 所示。

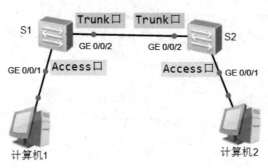

图 3.20　VLAN 端口类型

4. VLAN 的配置

所有网络中的交换机都默认在 VLAN 1 当中，所以 VLAN 1 不能被删除，也不能被开启。针对不同的端口类型，其作用和配置也不相同。Access 端口仅允许唯一 VLAN 的数据帧通过。Trunk 端口允许多个 VLAN 的数据帧通过。假设在图 3.20 交换机 S1 和 S2 上各创建一个 VLAN 10，其命令如下：

```
[S1]vlan 10        //在交换机 S1 上创建 VLAN 10
[S2]vlan 10        //在交换机 S2 上创建 VLAN 10
```

请注意，创建 VLAN 的数字范围为 2～4094。其中 VLAN 1 默认存在，不可删除。

在交换机上创建完成 VLAN 10 后，需要配置交换机 S1 和 S2 的端口类型。

(1) 设置交换机 S1 和 S2 上的 Access 端口，由图 3.20 可知，交换机 S1 和 S2 的 GE0/0/1 端口为 Access 端口，设置命令如下：

```
[S1]interface GigabitEthernet0/0/1            //进入交换机 S1 的 GE0/0/1 端口
```

[S1-GigabitEthernet0/0/1]port link-type access　　//设置 GE0/0/1 端口为 Access 端口

[S2]interface GigabitEthernet0/0/1　　　　　　//进入交换机 S2 的 GE0/0/1 端口

[S2-GigabitEthernet0/0/1]port link-type access　//设置 GE0/0/2 端口为 Access 端口

(2) 设置交换机 S1 和 S2 上的 Trunk 端口，由图 3.20 可知，交换机 S1 和 S2 的 GE0/0/2 端口为 Trunk 端口，设置命令如下：

[S1]interface GigabitEthernet0/0/2　　　　　　//进入交换机 S1 的 GE0/0/2 端口

[S1-GigabitEthernet0/0/2] port link-type trunk　//设置 GE0/0/2 端口为 Trunk 端口

[S2]interface GigabitEthernet0/0/2　　　　　　//进入交换机 S2 的 GE0/0/2 端口

[S2-GigabitEthernet0/0/2] port link-type trunk　//设置 GE0/0/2 端口为 Trunk 端口

设置完成 VLAN 网络中交换机的端口类型后，依据 Access 端口和 Trunk 端口的特性将端口放入创建的 VLAN 10 中，命令如下：

[S1]interface GigabitEthernet0/0/1　　　　　　　　//进入交换机 S1 的 GE0/0/1 端口

[S1-GigabitEthernet0/0/1]port default vlan 10　　//将 S1 的 GE0/0/1 放入 VLAN 10

[S2]interface GigabitEthernet0/0/1　　　　　　　　//进入交换机 S2 的 GE0/0/1 端口

[S2-GigabitEthernet0/0/1]port default vlan 10　　//将 S2 的 GE0/0/1 放入 VLAN 10

[S1]interface GigabitEthernet0/0/2　　　　　　　　//进入交换机 S1 的 GE0/0/2 端口

[S1-GigabitEthernet0/0/1] port trunk allow-pass vlan 10　//将 S1 的 GE0/0/2 放入 VLAN 10

[S2]interface GigabitEthernet0/0/2　　　　　　　　//进入交换机 S2 的 GE0/0/2 端口

[S2-GigabitEthernet0/0/1] port trunk allow-pass vlan 10　//将 S2 的 GE0/0/2 放入 VLAN 10

当配置完网络中的 VLAN 后，可以通过下列命令来查看网络的 VLAN 详细信息。

[S1]display vlan

[S2]display vlan

实践 做一做

1. 单交换机 VLAN 的配置方法

公司的网络要求搭建一个虚拟局域网(VLAN)，在 eNSP 软件下搭建网络拓扑如图 3.21 所示，配置交换机，使得 PC0 与 PC1 分别位于 VLAN 10 和 VLAN 20 中，操作步骤如下所示。

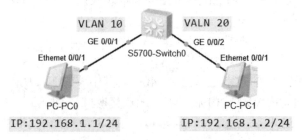

图 3.21　公司搭建 VLAN 拓扑图

(1) 根据图 3.21 所示，利用 eNSP 软件搭建虚拟环境，其中交换机选用 S5700。

(2) 为两台主机配置相应的 IP 地址，如图 3.22 所示，双击 PC0，在弹出的对话框中选择"基础配置"选项卡，点击"IPv4 静态"选项，填入 IP 地址和子网掩码，如"IP 地址：192.168.1.1，子网掩码：255.255.255.0"，最后点击右下方"应用"图标。用同样的方法配置 PC1 的 IP 地址为 192.168.1.2，子网掩码为 255.255.255.0。

图 3.22　配置计算机

(3) 配置交换机，双击 Switch0，弹出配置对话框，命令如下：

```
<Huawei>system-view                          //进入系统视图
[Huawei]sysname Switch0                       //将交换机命名为 Switch0
[Switch0]vlan 10                              //创建 VLAN 10
[Switch0-vlan10]quit                          //退回系统视图
[Switch0]interface GigabitEthernet0/0/1                    //进入连接 PC0 的 GE0/0/1 端口
[Switch0-GigabitEthernet0/0/1]port link-type access        //设置 GE0/0/1 端口为 Access 端口
[Switch0-GigabitEthernet0/0/1]port default vlan 10         //将 GE0/0/1 放入 VLAN 10
[Switch0-GigabitEthernet0/0/1]quit            //退回系统视图
[Switch0]vlan 20                              //创建 VLAN 20
[Switch0-vlan20]quit                          //退回系统视图
[Switch0]interface GigabitEthernet0/0/2   //进入连接 PC1 的 GE0/0/2 端口
[Switch0-GigabitEthernet0/0/2]port link-type access        //设置 GE0/0/2 端口为 Access 端口
[Switch0-GigabitEthernet0/0/2]port default vlan 20         //将 GE0/0/2 放入 VLAN 20
[Switch0-GigabitEthernet0/0/2]quit            //退回系统视图
```

(4) 在系统视图下输入命令"display vlan"，即可查看到交换机的 GE0/0/1 和 GE0/0/2

端口分别属于 VLAN 10 和 VLAN 20，如图 3.23 所示。

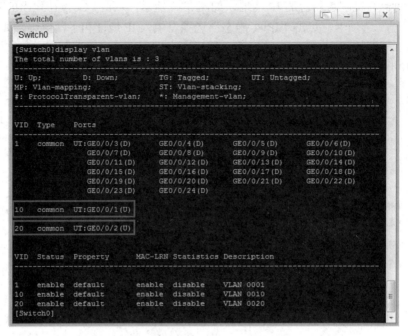

图 3.23　查看 VLAN 配置情况

(5) 测试连通性，双击 "PC0" → "命令行"，使用 ping 命令测试，得到的结果如图 3.24 所示。从结果可以看出 PC0 和 PC1 是不连通的，而且 PC0 和 PC1 分别属于 VLAN 10 和 VLAN 20，所以两台主机是不能直接连通的。

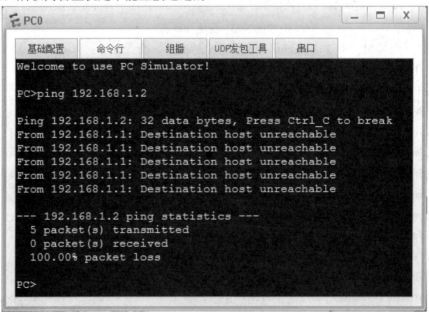

图 3.24　测试 VLAN 网络连通性

(6) 删除 VLAN，可用命令来删除 VLAN，如删除 VLAN 10、VLAN 20，使用命令如下：

[Switch0]undo vlan 10

[Switch0]undo vlan 20

此时查看交换机 VLAN 情况，结果如图 3.25 所示。

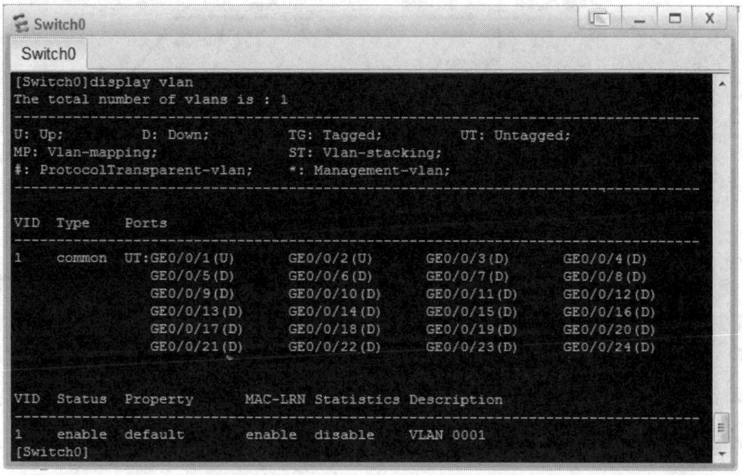

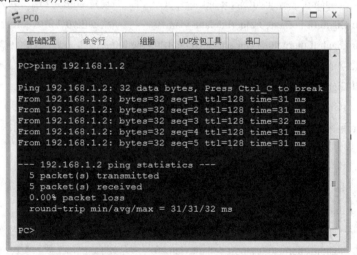

图 3.25　查看 VLAN 配置情况

　　VLAN 1 是交换机默认创建的虚拟局域网，如果管理员不另外创建 VLAN，则所有的端口都将属于 VLAN 1，也就是说默认情况下，交换机下的所有端口连接的主机将在同一个 VLAN 内。

　　因此，两个端口重新属于 VLAN 1 中，即可正常工作，测试两台 PC 的连通性，发现已可正常通信，如图 3.26 所示。

图 3.26　测试 VLAN 网络连通性

2. 多交换机 VLAN 的配置方法

　　公司的网络要求升级一个虚拟局域网(VLAN)，网络升级为如图 3.27 所示的企业网络拓扑图。在 eNSP 软件下搭建网络拓扑，配置交换机，在对交换机未进行 VLAN 划分时，位于不同交换机上的计算机之间都能进行通信，如果使用 ping 命令测试，每两台计算机之间都能 ping 通。其操作步骤如下所述。

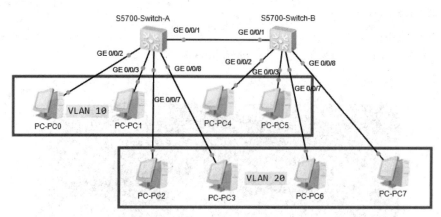

图 3.27　企业升级 VLAN 网络拓扑图

(1) 按照企业要求完成拓扑图绘制。

(2) 分别为每台 PC 设置 IP 地址，依次为 192.168.1.1/24～192.168.1.8/24。

(3) 在 Switch-A 上创建 VLAN 10，并将 GE0/0/2、GE0/0/3 端口分别添加到 VLAN 10 中，命令如下：

```
<Huawei>system-view                              //进入系统视图
[Huawei]sysname Switch-A                         //将交换机的名称更改为 Switch-A
[Switch-A]vlan 10                                //创建 VLAN 10
[Switch-A-vlan10]quit                            //返回到系统视图
[Switch-A]interface GigabitEthernet0/0/2                    //进入 GE0/0/2 的端口配置
[Switch-A-GigabitEthernet0/0/2]port link-type access        //设置 GE0/0/2 端口为 Access 端口
[Switch0-GigabitEthernet0/0/2]port default vlan 10          //将 GE0/0/2 放入 VLAN 10
[Switch0-GigabitEthernet0/0/2]interface GigabitEthernet0/0/3        //进入 GE0/0/3 的端口配置
[Switch-A-GigabitEthernet0/0/3]port link-type access        //设置 GE0/0/3 端口为 Access 端口
[Switch0-GigabitEthernet0/0/3]port default vlan 10          //将 GE0/0/3 放入 VLAN 10
[Switch-A-GigabitEthernet0/0/3]quit
```

(4) 在 Switch-A 上创建 VLAN 20，并将 GE0/0/7、GE0/0/8 端口分别添加到 VLAN 20 中，命令如下：

```
[Switch-A]vlan 20                                //创建 VLAN 20
[Switch-A-vlan10]quit                            //返回到系统视图
[Switch-A]interface GigabitEthernet0/0/7         //进入 GE0/0/7 的端口配置
[Switch-A-GigabitEthernet0/0/7]port link-type access        //设置 GE0/0/7 端口为 Access 端口
[Switch0-GigabitEthernet0/0/7]port default vlan 20          //将 GE0/0/7 放入 VLAN 20
[Switch0-GigabitEthernet0/0/7]interface GigabitEthernet0/0/8       //进入 GE0/0/8 的端口配置
[Switch-A-GigabitEthernet0/0/8]port link-type access        //设置 GE0/0/8 端口为 Access 端口
[Switch0-GigabitEthernet0/0/8]port default vlan 20          //将 GE0/0/8 放入 VLAN 20
[Switch-A-GigabitEthernet0/0/8]quit
```

(5) 在 Switch-A 上将用于与 Switch-B 进行级联的端口 GE0/0/1 设置为 Trunk 端口，命令如下：

     [Switch-A]inter g0/0/1　　　　　　　　　　　　　　//进入 GE0/0/1 的端口配置

     [Switch-A-GigabitEthernet0/0/1]port link-type trunk　　　　//设置 GE0/0/1 端口为 Trunk 端口

     [Switch-A-GigabitEthernet0/0/1]port trunk allow-pass vlan all　　//允许所有 VLAN 通过

(6) save 保存设置。在进行交换机的配置后，为了防止断电等原因造成配置参数丢失，需要通过以下命令进行保存：

     <Switch-A>save

     The current configuration will be written to the device.

     Are you sure to continue?[Y/N]y

(7) 与 Switch-A 的配置类似，在 Switch-B 上创建 VLAN 10，并将 GE0/0/2、GE0/0/3 端口分别添加到 VLAN 10 中；在 Switch-B 上创建 VLAN 20，并将 GE0/0/7、GE0/0/8 端口分别添加到 VLAN 20 中。同样的，在 Switch-B 上，将与 Switch-A 进行级联的端口 GE0/0/1 设置为 trunk 端口，然后保存设置。

可以验证，PC0、PC1、PC4、PC5 相互间可以连通，而与 PC2、PC3、PC6、PC7 任何主机都不能连通；反过来也是如此。用 VLAN 10 中的 PC0 分别 ping PC5 和 PC7，结果如图 3.28 所示。

图 3.28　测试 VLAN 网络连通性

任务五　交换机端口安全

【知识目标】

(1) 掌握交换机端口安全的相关概念。

(2) 掌握交换机端口安全的配置方法。

【能力目标】

(1) 能够对交换机进行端口连接数量限制。

(2) 能够对交换机端口连接特定 PC 进行配置。

知识 学习

交换机工作在数据链路层，它有效地隔离了以太网中的冲突域，极大地提升了以太网的性能。当今的计算机网络大部分采用层次结构进行设计，网络协议规定了每层的作用，不同层会完成网络的特定任务。交换机工作在数据链路层，它具备非常多的端口，这些端口连接物理层的网络设备。可以说交换机上的端口是终端设备连入网络的一道大门，所以学习交换机的端口安全，守好这道门的安全是十分必要的。

1. 交换机端口安全的定义

交换机端口安全是指可根据 MAC 地址来做对网络流量的控制和管理，如 MAC 地址与具体的端口绑定，限制具体端口通过的 MAC 地址的数量，或者在具体的端口不允许某些 MAC 地址的帧流量通过。在交换机端口安全方面，MAC 地址是不可忽视的。

MAC 地址就是在网络访问层上使用的地址，也叫物理地址、硬件地址或链路地址。它由网络设备制造商生产时写在硬件内部。MAC 地址与网络无关，即无论将带有这个地址的硬件(如网卡、集线器、交换机、路由器等)接入到网络的何处，都有相同的 MAC 地址。它由厂商写在网卡的 BIOS 里。MAC 地址一般都采用 6 字节(48 比特)的表示方式。这 48 比特有其规定的意义，前 24 位是由生产网卡的厂商向 IEEE 申请的厂商地址，后 24 位由厂商自行分配，这样的分配使得世界上任意一个拥有 48 位 MAC 地址的网卡都有唯一的标识。

2. 交换机端口安全的配置

一般来说，交换机端口安全可以通过 MAC 地址与端口绑定或者通过 MAC 地址来限制端口流量这两种方法实现，下面分别介绍一下这两种方法。

(1) MAC 地址与端口绑定。MAC 地址与端口绑定是指将交换机的某个端口配置为只允许某个或者某些 MAC 地址的计算机能够进行连接。它通过拦截数据包的方式，将未被允许的 MAC 地址数据包通过如丢弃的方式处理掉。以华为交换机为例，将其 GE0/0/1 端口与某计算机的 MAC 地址(5489-98C9-0C8A)进行绑定，一般通过下面的方式进行设置。

```
[Huawei]interface GigabitEthernet 0/0/1                    //对 GE0/0/1 端口进行设置
[Huawei-GigabitEthernet0/0/1]port link-type access          //将 GE0/0/1 端口设为 Access 口
[Huawei-GigabitEthernet0/0/1]port-security enable           //开启端口安全设置
[Huawei-GigabitEthernet0/0/1]port-security mac-address sticky   //开启 MAC 地址粘贴功能
[Huawei-GigabitEthernet0/0/1]port-security mac-address sticky 5489-98C9-0C8A vlan 1
 //配置 MAC 地址，端口未设置 VLAN 时，都为 VLAN 1
[Huawei-GigabitEthernet0/0/1]port-security protect-action shutdown
 //违规策略，当发现与上述配置不符时，端口出错
```

在配置交换机违规的策略的时候，可以设置以下几种方式：

Protect：当 MAC 地址的数量达到了这个端口所允许的最大数量时，带有未知的源 MAC 地址的包就会被丢弃。

Restrict：当 MAC 地址的数量达到了这个端口所允许的最大数量时，带有未知的源 MAC 地址的包就会被丢弃，并产生警告信息。

Shutdown：当 MAC 地址的数量达到了这个端口所允许的最大数量时，带有未知的源 MAC 地址的包就会被丢弃，并将端口关闭。

(2) 通过 MAC 地址来限制端口流量。配置交换机的某个端口，使得它只允许有 100 个 MAC 地址通过，一旦超过则处理掉，通过这样的方式，可实现限制端口流量的目的。以华为交换机为例，对其 GE0/0/2 端口进行 MAC 地址限制端口流量的配置，只允许有 100 个 MAC 地址通过，命令如下：

[Huawei]interface GigabitEthernet 0/0/2　　　　　　　//对 GE0/0/2 端口进行设置

[Huawei-GigabitEthernet0/0/2]port link-type trunk　　//将 GE0/0/2 端口设为 Trunk 口

[Huawei-GigabitEthernet0/0/2]port-security enable　　//开启端口安全设置

[Huawei-GigabitEthernet0/0/2]port-security max-mac-num 100

//允许此端口通过的最大 MAC 地址数目为 100

[Huawei-GigabitEthernet0/0/2]port-security protect-action protect

//当主机 MAC 地址数目超过 100 时，交换机继续工作，但来自新主机的数据帧将丢失

注意：在开启端口安全功能前，要根据实际情况把端口设置成 Access 模式或 Trunk 模式。

✂ 实践 做一做

公司的网络要求进行交换机端口安全设置，公司要求 2 台交换机共连接 8 台主机，公司网络拓扑图如图 3.29 所示，8 台主机的 IP 地址为 192.168.1.1/24～192.168.1.8/24。公司要求交换机 Switch1 的 GE0/0/1 端口配置为只允许有 5 台计算机连接，交换机 Switch1 的 GE0/0/2 和 GE0/0/3 配置 MAC 地址绑定为 PC6 和 PC7。

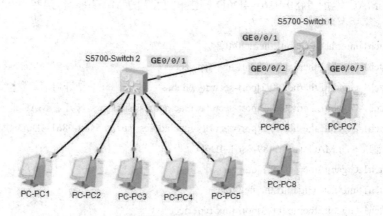

图 3.29　公司网络拓扑图

作为网络工程师，为公司进行交换机端口安全配置具体步骤如下所述。

(1) 使用 eNSP 软件，依据图 3.29 进行公司拓扑图绘制，并配置好 8 台 PC 的 IP 地址，依次为 192.168.1.1/24～192.168.1.8/24。

(2) 配置 MAC 地址数量限制，通过设置交换机 Switch1 的 GE0/0/1 端口，来限制交换机 Switch2 连接的主机数，具体命令如下：

```
[Switch1]interface GigabitEthernet0/0/1                            //进入 GE0/0/1 端口设置
[Switch1-GigabitEthernet0/0/1]port link-type trunk                //将 GE0/0/1 端口配置为 Trunk 口
[Switch1-GigabitEthernet0/0/1]port-security enable                //开启端口安全设置
[Switch1-GigabitEthernet0/0/1]port-security max-mac-num 5         //设置最大 MAC 地址连接数为 5
[Switch1-GigabitEthernet0/0/1]port-security protect-action shutdown  //配置违规策略为 shutdown
[Switch1-GigabitEthernet0/0/1]quit
```

配置完成后，这时我们将 PC8 连接到交换机 Switch2 的 GE0/0/1 端口后，使用主机 PC6 去验证 PC1～PC5 和 PC8 的连通性，发现交换机 Switch1 与交换机 Switch2 连接断了，如图 3.30 所示。

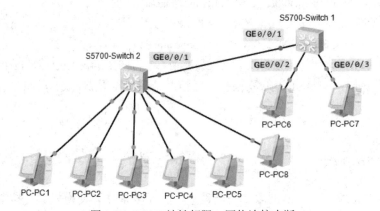

图 3.30   MAC 地址超限，网络连接中断

当我们取消主机 PC8 与交换机 Switch2 的连接后，网络恢复正常通信。

(3) 配置端口绑定 MAC 地址。配置交换机 Switch1 的 GE0/0/2、GE0/0/3 端口分别绑定主机 PC6 的 MAC 地址 5489-9861-4D6D 和主机 PC7 的 MAC 地址 5489-9859-0F5D，命令如下：

```
[Switch1]interface GigabitEthernet0/0/2
[Switch1-GigabitEthernet0/0/2]port link-type access               //设置为 Access 模式
[Switch1-GigabitEthernet0/0/2]port-security enable                //开启端口安全设置
[Switch1-GigabitEthernet0/0/2]port-security mac-address sticky    //开启 MAC 地址粘贴功能
[Switch1-GigabitEthernet0/0/2]port-security mac-address sticky 5489-9861-4D6D vlan 1
//绑定 PC6 的 MAC 地址 5489-9861-4D6D
[Switch1-GigabitEthernet0/0/2]quit
[Switch1]interface GigabitEthernet0/0/3
[Switch1-GigabitEthernet0/0/3]port link-type access
[Switch1-GigabitEthernet0/0/3]port-security enable
[Switch1-GigabitEthernet0/0/3]port-security mac-address sticky
```

[Switch1-GigabitEthernet0/0/3]port-security mac-address sticky 5489-9859-0F5D vlan 1

//绑定 PC7 的 MAC 地址 5489-9859-0F5D

[Switch1-GigabitEthernet0/0/3]quit

（4）MAC 地址绑定验证。利用主机 PC6(已连接到 Switch1 的 GE0/0/2 端口)，使用 ping 命令去测试与主机 PC1 的连通性，结果是连通的。更改主机为 PC7，连接到 Switch1 的 GE0/0/2 端口，再测试其连通性，则无法连接，如图 3.31 和图 3.32 所示。

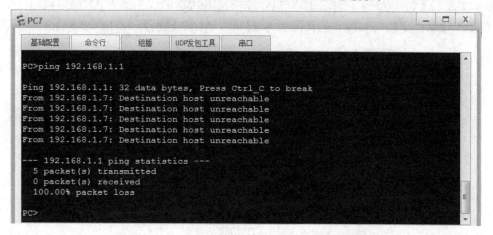

图 3.31　PC6 连接交换机 GE0/0/2 端口网络连通测试

图 3.32　PC7 连接交换机 GE0/0/2 端口网络连通测试

 习题 练一练

一、简答题

1. 当一台主机从交换机的一个端口移动到另外一个端口时，交换机的 MAC 地址表会发生什么变化？

2. STP 协议的作用是什么？

3. 在 STP 网络中，根桥产生故障后，其他交换机会被选举为根桥，那么原来的根桥恢复正常之后，网络又会发生什么变化呢？

4. RSTP 协议与 STP 协议的区别是什么？

5. 什么是 VLAN？VLAN 的作用是什么？

二、选择题

1. 关于生成树协议中 Forwarding 状态，描述错误的是(　　　)。

A. Forwarding 状态的端口可以接受 BPDU 报文

B. Forwarding 状态的端口不学习报文源 MAC 地址

C. Forwarding 状态的端口可以转发数据报文

D. Forwarding 状态的端口可以发送 BPDU 报文

2. 在 STP 协议中，假设所有交换机所配置的优先级相同，交换机 1 的 MAC 地址为 00-e0-4c-00-00-40，交换机 2 的 MAC 地址为 00-e0-4c-00-00-10，交换机 3 的 MAC 地址为 00-e0-fc-00-00-20，交换机 4 的 MAC 地址为 00-e0-fc-00-00-80，则根交换机应为(　　　)。

A. 交换机 1　　　　B. 交换机 2　　　　C. 交换机 3　　　　　D. 交换机 4

3. 如果一个网络的网络地址为 10.1.1.0/30，其广播地址为(　　　)。

A. 10.1.1.1　　　　B. 10.1.1.2　　　　C. 10.1.1.3　　　　　D. 10.1.1.4

4. 图 3.33 中根交换机为(　　　)。

交换机 LSW1 的优先级为 32768，MAC 地址为 4c1f-ccc0-354a；交换机 LSW2 的优先级为 32768，MAC 地址为 4c1f-ccd2-2851；交换机 LSW3 的优先级为 32768，MAC 地址为 4c1f-cc4d-5246；交换机 LSW4 的优先级为 32768，MAC 地址为 4c1f-ccc0-354a。

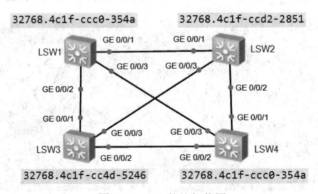

图 3.33　STP 协议拓扑图

A. 交换机 LSW1　　B. 交换机 LSW2　　　　C. 交换机 LSW3　　　　　D. 交换机 LSW4

5. 图 3.34 中，交换机接口为根端口(R 口)的是(　　　)。

交换机 LSW1 的优先级为 32768，MAC 地址为 4c1f-ccc0-354a；交换机 LSW2 的优先级为 32768，MAC 地址为 4c1f-ccd2-2851；交换机 LSW3 的优先级为 32768，MAC 地址为 4c1f-cc4d-5246；交换机 LSW4 的优先级为 32768，MAC 地址为 4c1f-ccc0-354a。

A. 交换机 LSW1 的 GE0/0/1 端口　　　　B. 交换机 LSW1 的 GE0/0/2 端口

C. 交换机 LSW1 的 GE0/0/3 端口　　　　D. 交换机 LSW2 的 GE0/0/1 端口

E. 交换机 LSW2 的 GE0/0/2 端口　　　　F. 交换机 LSW2 的 GE0/0/3 端口

G. 交换机 LSW3 的 GE0/0/1 端口　　　　H. 交换机 LSW3 的 GE0/0/2 端口

I. 交换机 LSW3 的 GE0/0/3 端口　　　　J. 交换机 LSW4 的 GE0/0/1 端口

K. 交换机 LSW4 的 GE0/0/2 端口   L. 交换机 LSW4 的 GE0/0/3 端口

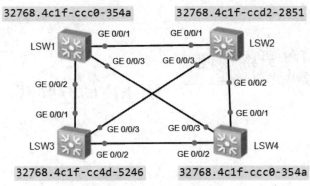

图 3.34 STP 协议拓扑图

6.图 3.35 中，交换机接口为预备端口(A 口)的是(　　　　)。

A. 交换机 LSW1 的 GE0/0/1 端口   B. 交换机 LSW1 的 GE0/0/2 端口

C. 交换机 LSW1 的 GE0/0/3 端口   D. 交换机 LSW2 的 GE0/0/1 端口

E. 交换机 LSW2 的 GE0/0/2 端口   F. 交换机 LSW2 的 GE0/0/3 端口

G. 交换机 LSW3 的 GE0/0/1 端口   H. 交换机 LSW3 的 GE0/0/2 端口

I. 交换机 LSW3 的 GE0/0/3 端口   J. 交换机 LSW4 的 GE0/0/1 端口

K. 交换机 LSW4 的 GE0/0/2 端口   L. 交换机 LSW4 的 GE0/0/3 端口

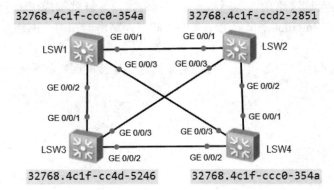

图 3.35 STP 协议拓扑图

构建广域互联网

随着社会科学技术的不断发展与进步，人们的沟通、交流方式已经发生了翻天覆地的变化，并且呈现出实时性、便捷性、多样性等特点。随着移动互联网时代的到来，我们大多通过电话、电子邮件、即时通信工具(QQ、微信)、微博、论坛等来实现与他人的沟通和交流。随着移动互联网技术的不断发展，以智能手机、平板电脑为代表的众多智能终端设备更是为我们实现移动互联增添了助力，可以说移动互联网改变了人们的生活方式与节奏，引领了新一轮沟通和信息技术革命。

在移动互联网技术领域，广域互联网是不可或缺的重要核心技术之一。广域互联网简称为广域网，它是一个地理覆盖范围很大的数据通信网络，面积可达一个城市、一个国家或者整个地球。相距较远的局域网可通过路由器等网络设备与广域网相连，从而实现互通，而不同的广域网也可通过路由器等网络设备相互连接，这样就构成了一个覆盖范围更广的互联网——Internet。Internet 是世界上最大的互联网，路由器在整个网络互联中担负着极其重要的角色。

在这移动互联大发展的时代下，网络是如何进行连接的呢？这将是本学习模块的学习目标。

移动互联网发展造福人民

《中国移动互联网发展报告(2022)》显示，截至 2021 年 12 月底，中国手机网民规模达 10.29 亿人，全年增加了 4373 万人。2021 年，移动互联网接入流量达 $2216×10^8$ GB，比上年增长 33.9%，国内智能手机出货量 3.43 亿部，同比增长 15.9%。我国移动网络基础建设蓬勃发展，建成了全球最大的 5G 网络，终端用户占全球 80% 以上。截至 2022 年 4 月，我国已建成 5G 基站 161.5 万个，成为全球首个基于独立组网模式规模建设 5G 网络的国家。

中国政府从 2004 年开始，以政府和国有企业为主导，启动了世界最大的电信普遍服务工程，旨在利用互联网和移动网络改变千万中国乡村。中国最贫困的地区之一——位于四川的"悬崖村"，村民也可以使用 5G 网络了。我国全方位推进移动互联网健康有序发展，让移动互联网发展成果更好地造福人民，为人民群众提供用得上、用得起、用得好的移动互联网信息服务。为深入贯彻落实网络强国战略思想，我国把握信息化发展的历史机遇，稳步推进网络基础设施建设，增强网络信息技术自主创新能力，提升网络安全保障能力，夯实网络法治基石，优化网络运营环境，释放惠民便民利民红利，推动互联网产业发展取得了一系列成就，促进中国的网络强国建设不断迈上新的台阶。

【素质目标】

(1) 提升民族自豪感，培养家国情怀。

(2) 培养政治思维、经济思维和创新思维。

任务一　IP 路由基础

【知识目标】

(1) 掌握 IP 路由选择 。

(2) 掌握 IP 路由表。

【能力目标】

(1) 能够解析 IP 路由表内的参数。

(2) 能够掌握路由器的基本配置。

知识学习

在数据链路层，使用以太网交换机来实现网络内的数据转发行为，同时实现组建局域网。企业架构一般较为复杂，或者分管不同职责的部门较多，或者总公司和分公司可能处在不同地域或不同的网络中，以至于相应企业网络拓扑结构也会较为复杂。那么不同网络是如何进行连接的呢？路由器就是能实现连接不同网络并进行数据转发的重要网络设备之一。

1. 路由器

路由是指通过相互连接的网络把信息从源地点移动到目标地点的活动，即将一台计算机上的信息或数据通过路由活动移动到另一台计算机上，这个数据移动的过程就叫路由。

执行路由行为动作的机器即为路由器，它的英文名称为 Router。路由器是一种连接多个网络或网段的网络设备，它能将不同网络或网段之间的数据信息进行"翻译"，以使它们能够相互"读懂"对方的数据，从而构成一个更大的网络。对于普通网络用户来说，可以将路由器看成一种使 PC 连接到广域网/Internet 的中间设备，PC 通过路由器可以连接到其他 PC 和 Internet 网络。

常见企业级路由器的实物图如图 4.1 所示。

图 4.1　企业级路由器——华为 NetEngine AR6121 的实物图

2. 网关

在日常工作中，要进出一间办公室，必然要经过一道门。同样，一个网络向外发送信息或向内接收信息，也必须经过一道"门"，这道门就是网关，其英文名称为 Gateway。网关需要设置在传输层上，以便实现两个不同层级协议的网络互联，它既可以用于广域网，也可以用于局域网。

按照不同的分类标准，网关也有很多种。TCP/IP 协议中的网关是最常用的，在这里所讲的"网关"均指 TCP/IP 协议中的网关。

网关实质上是一个网络通向其他网络的 IP 地址。例如有企业 A 和企业 B，企业 A 网络的 IP 地址范围为 192.168.1.1～192.168.1.254，子网掩码为 255.255.255.0；企业 B 网络的 IP 地址范围为 192.168.2.1～192.168.2.254，子网掩码为 255.255.255.0。在没有路由器的情况下，两家企业之间是不能进行网络通信的，即使是两个企业的网络连接在同一台交换机上，TCP/IP 协议也会根据子网掩码(255.255.255.0)判定两个企业的主机处在不同的网络中。而要实现这两个企业之间的网络通信，则必须通过网关。如果企业 A 网络中的主机发现数据包的目的主机不在本地网络中，就把数据包转发给它自己的网关，再由网关转发给企业 B 网络的网关，企业 B 网络的网关再转发给企业 B 网络中的某个主机。网关转发数据示意图如图 4.2 所示。

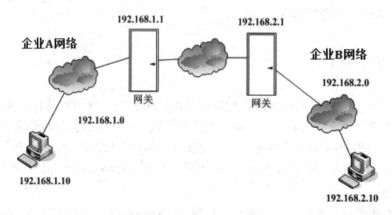

图 4.2　网关转发数据示意图

由网关转发数据的原理可知，只有设置好网关的 IP 地址，TCP/IP 协议才能实现不同网络之间的相互通信。网关的 IP 地址是具有路由功能设备的 IP 地址，具有路由功能的设备包括路由器、启用了路由协议的服务器(实质上相当于一台路由器)或代理服务器(也相当于一台路由器)。

3. 路由选路

路由器收到数据包后，会根据数据包中的目的 IP 地址选择一条最优路径，并将数据包转发到下一个路由器，最优路径上的路由器依次将数据包进行转发，直至转发到目的主机。数据包在网络上的传输就好像体育运动中的接力赛一样，每一个路由器负责将数据包按照最优路径向下一跳路由器进行转发，通过多个路由器一站一站地接力，最终将数据包通过最优路径转发到目的地。

当然有时候由于路由器实施了一些特别的路由策略，数据包通过的路径不一定是最佳的。路由策略可以决定数据包转发的路径。如果有多条路径可以到达目的地，则路由器会通过计算来决定最佳下一跳。计算原则会随实际使用的路由协议不同而不同。

路由选路示意图如图 4.3 所示。

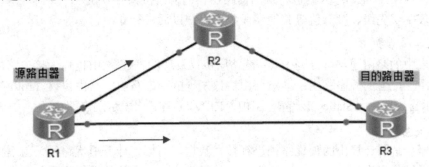

图 4.3　路由选路示意图

4. IP 路由表

路由表是路由器完成数据包转发的关键。每个路由器中都保存着一个路由表，表中存放了路由选路的关键信息，其中每个路由条目都明确指出了数据包要到达某网络或某主机时需要从哪个物理接口将数据包发送出去，由哪个路由器接收，或者直接可以到达目的网络或者目的主机。

路由表中包含了下列关键项：

目的地址(Destination)：用来标识数据包的目的 IP 地址或目的网络。

子网掩码(Mask)：目的 IP 地址和网络掩码进行"逻辑与"可得到相应的网段信息。图 4.4 所示的路由表中，目的 IP 地址为 9.0.0.0，子网掩码为 255.0.0.0，进行逻辑与后便可得到一个 A 类的网段信息(9.0.0.0/8)。对于同一目的 IP 地址，路由表中出现多条路由信息时，路由器会选择网络掩码最长的一条作为匹配项。

```
[Huawei]display ip routing-table
Route Flags：R – relay，  D – download to fib
------------------------------------------------------------------------------
Routing Tables：Public  Destinations：2 Routes：2
```

Destination/Mask	Proto	Pre	Cost	Flags	NextHop	Interface
0.0.0.0/0	Static	60	0	D	120.0.0.2	Serial1/0/0
8.0.0.0/8	RIP	100	3	D	120.0.0.2	Serial1/0/0
9.0.0.0/8	OSPF	10	50	D	20.0.0.2	Ethernet2/0/0
9.1.0.0/16	RIP	100	4	D	120.0.0.2	Serial1/0/0
11.0.0.0/8	Static	60	0	D	120.0.0.2	Serial2/0/0
20.0.0.0/8	Direct	0	0	D	20.0.0.1	Ethernet2/0/0
20.0.0.1/32	Direct	0	0	D	127.0.0.1	LoopBack0

图 4.4　路由表

路由协议(Proto)：路由器实施的协议类型。

下一跳 IP 地址(NextHop)：接收此数据包的下一个路由器的接口 IP 地址。

输出接口(Interface)：数据包将从当前路由器的哪个接口转发出去。

路由表中优先级、度量值等其他字段我们将在以后进行介绍。

1) 建立路由表

路由表中的路由通常可分为三类：链路层协议发现的直连路由(也称为接口路由)；由网络管理员手工配置的静态路由；动态路由协议发现的动态路由。路由协议 Proto 字段中，Direct 表示直连路由，Static 表示静态路由，RIP 和 OSPF 均表示动态路由。

2) 最长匹配原则

路由器会按照计算出的最优路径进行转发数据。而如何计算最优路径，就需要依据路由表中的详细信息进行分析比较，选出其中的最优路由。具体的选择步骤如下：当路由器接收到一个数据包时，首先提取出该数据包的目的 IP 地址，然后用数据包目的 IP 地址与路由表中的子网掩码进行"逻辑与"操作，再与路由表中的目的 IP 地址进行比对，相同则匹配成功，不同则匹配失败。当与路由表中所有的路由条目都进行匹配后，路由器会选择其中子网掩码最长的一个路由条目作为匹配项。

如图 4.5 所示，路由表中路由条目的目的地址(Destination)、路由协议(Proto)、下一跳 IP 地址(NextHop)及输出接口(Interface)均相同，此时如果将一个数据包转发至目的 IP 地址 10.1.1.1，则路由表中 10.1.1.0/30 符合最长匹配原则。

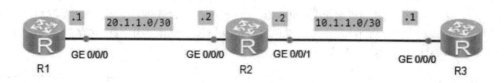

[R1]display ip routing-table						
Destination/Mask	Proto	Pre	Cost	Flags	NextHop	Interface
10.1.1.0/24	Static	60	0	RD	20.1.1.2	GigabitEthernet 0/0/0
10.1.1.0/30	Static	60	0	RD	20.1.1.2	GigabitEthernet 0/0/0

图 4.5   路由最长匹配原则示意图

3) 路由优先级及度量

路由器可以实施多种不同的路由协议，如果路由表中多个实施不同协议的路由条目均可到达目的网络并且同时符合最长匹配原则，那么路由器该如何选出最优匹配项呢？

此时，路由器会首先比较这些路由条目的优先级(Pre)，数值越小越优先，路由器会选择优先级最高的路由作为最优匹配项。如图 4.6 所示，路由器可通过 2 条路径到达目的网络，从网络拓扑图中分析得知，虽然 RIP 协议提供了一条看起来较为便捷的路径，但是由于 OSPF 协议的优先级更高，所以路由器会选择 OSPF 协议路由成为优先路由，并将其添加至路由表中。

但是如果路由器无法用优先级来判断最优路由，则使用度量值(metric)来决定需要加入路由表的路由，度量值越小，路由越优先。一些常用的度量值有跳数、带宽、时延、开销、可靠性等。

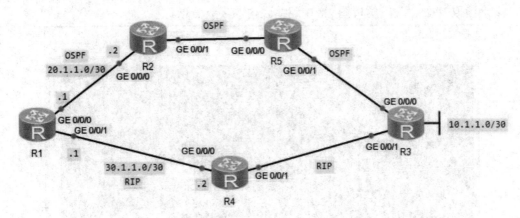

```
[R1]display ip routing-table
Destination/Mask        Proto    Pre    Cost    Flags    NextHop         Interface
10.1.1.0/30             OSPF     10     3       RD       20.1.1.2        GigabitEthernet 0/0/0
…
```

路由类型	Direct	OSPF	Static	RIP
管理距离	0	10	60	100

图 4.6　路由优先级比较

如图 4.7 所示，Cost = 1 + 1 = 2 的路由是到达目的地的最优路由，其路由条目可以在路由表中找到。

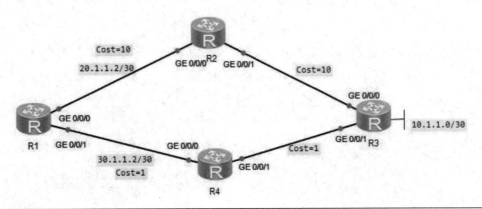

```
[R1]display ip routing-table
Destination/Mask        Proto    Pre    Cost    Flags    NextHop         Interface
10.1.1.0/30             OSPF     10     2       RD       30.1.1.2        GigabitEthernet 0/0/1
```

图 4.7　路由度量值比较

实践 做一做

(1) 读取 IP 路由表，解析图 4.8 中路由表内的参数信息。

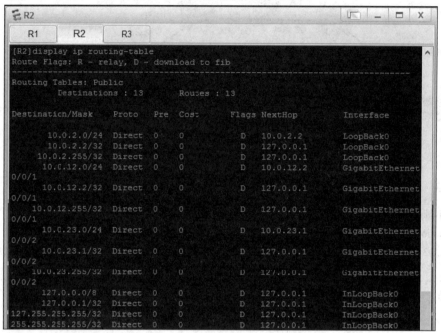

图 4.8　路由表

(2) 使用 eNSP 软件进行网络拓扑搭建，并进行相应配置，具体步骤如下：

① 依照图 4.9 使用 eNSP 软件搭建网络拓扑，选择华为路由器 AR2220 及 2 台 PC 进行连接。

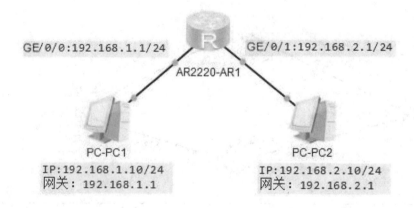

图 4.9　网络拓扑图

② 右键单击路由器，选择"设置"标签，为路由器配置必要的插件。点击路由器上的开关，关闭路由器的电源，在下方"eNSP 支持的接口卡"模块中点击"4GEW-T"，并将其拖曳到相应的插槽上，点击开关，打开电源，如图 4.10 所示。

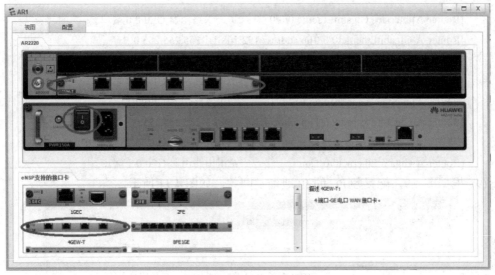

图 4.10 选择路由器插件

注意：默认情况下，路由器的电源是打开的，添加模块时需要关闭路由器的电源，单击图中圈中所指的电源开关，将其关闭，路由器的电源关闭后红色的电源指示灯也将变暗。下方"eNSP 支持的接口卡"模块中为待选插件，当鼠标点击时，右下方显示其作用和功能，可以通过鼠标拖曳的方式，将其插入路由器中，以加强路由器的功能。

(3) 启动 2 台 PC。

(4) 双击路由器名称标签，将主机名称改为 Router-A，双击路由器，输入以下命令：

```
<Huawei>system-view            //进入系统视图
[Huawei]sysname Router-A       //更改路由器名称为 Router-A
[Router-A]                      //路由器名称更改完成
```

(5) 配置开机密码，输入以下命令：

```
[Router-A]user-interface console 0    //进入 console 线模式配置
[Router-A-ui-console0]authentication-mode password          //允许密码检验
Please configure the login password (maximum length 16)：PCTJ1 //设置开机密码为 PCTJ1
[Router-A-ui-console0]quit
```

(6) 配置远程登录(Telnet)密码，输入以下命令：

```
[Router-A]user-interface vty 0 4       //设置远程登录用户数量
[Router-A-ui-vty0-4]authentication-mode password          //允许密码检验
Please configure the login password (maximum length 16)： PCTJ2
 //设置远程登录密码为 PCTJ2
[Router-A-ui-vty0-4]quit               //返回系统视图
```

(7) 保存配置，输入以下命令：

```
<Router-A>save
The current configuration will be written to the device.
Are you sure to continue? (y/n)[n]：y
```

(8) 根据图 4.9，配置各端口的 IP 地址，在系统视图下输入以下命令：

[Router-A]interface GigabitEthernet0/0/0   //进入路由器 GE0/0/0 端口

[Router-A-GigabitEthernet0/0/0]ip address 192.168.1.1 255.255.255.0

//将路由器 GE0/0/0 端口地址配置为 192.168.1.1，子网掩码为 255.255.255.0

[Router-A-GigabitEthernet0/0/0]quit   //退出路由器 GE0/0/0 端口

[Router-A]interface GigabitEthernet0/0/1   //进入路由器 GE0/0/1 端口

[Router-A-GigabitEthernet0/0/1]ip address 192.168.2.1 255.255.255.0

//将路由器 GE0/0/1 端口地址配置为 192.168.2.1，子网掩码为 255.255.255.0

[Router-A-GigabitEthernet0/0/1]quit   //退出路由器 GE0/0/1 端口

(9) 根据图 4.9，配置各 PC 的 IP 地址及网关，如图 4.11 所示。

(a) PC1 配置

(b) PC2 配置

图 4.11　PC 配置

(10) 验证路由器登录密码设置，如图 4.12 所示，能正常进入路由器，进入用户视图。

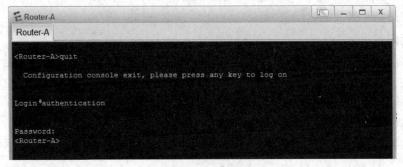

图 4.12　路由器登陆成功

(11) 验证 PC1 与 PC2 之间能否 ping 通，如图 4.13 所示。

图 4.13　PC 连通测试

(12) 验证远程登录，点击 PC1，在弹出的窗口中选择"串口"标签，点击右侧设置中"连接"图标，输入 telnet 192.168.1.1，连接成功后输入 telnet 密码，进入用户视图。

任 务 二　静 态 路 由

【知识目标】

(1) 掌握静态路由基础。

(2) 掌握静态路由下一跳的选取。

【能力目标】

(1) 能够掌握静态路由的配置。

(2) 能够掌握缺省路由的配置。

静态路由是指由管理员手动配置和维护的路由。静态路由配置简单，被广泛应用于网

络中。另外，静态路由还可以实现负载均衡和路由备份。因此，学习并掌握好静态路由的应用与配置是非常必要的。

1. 应用场景

静态路由的配置方法较简单，并且不需要占用路由器的 CPU 资源来计算和分析路由更新。静态路由的缺点在于：当网络拓扑发生变化时，静态路由不能自主更改配置去适应新的网络拓扑结构，而需要管理员手动进行调整。

静态路由一般适用于结构简单的网络。在复杂网络环境中，一般会使用动态路由协议来生成动态路由。不过，即使是在复杂网络环境中，合理地配置一些静态路由也可以改进网络的性能。

2. 静态路由原理与配置

静态路由可应用于以太网或串行网络中，但静态路由在这两种网络中的配置有所不同。由于网络的多样性和复杂性，静态路由还可以实现负载均衡和路由备份功能。

1) 以太网

如果路由器使用了以太网接口(Ethernet Interface)作为输出接口，则在设置静态路由命令时，必须指定下一跳地址(nexthop-address)，即接收数据包路由器的接口 IP 地址。

配置命令：

　　ip route-static 目的 IP 地址　子网掩码/掩码长度　下一跳 IP 地址

参数说明：

目的 IP 地址：X.X.X.X，如 192.168.1.1。

子网掩码：X.X.X.X，如 255.255.255.0。

掩码长度：0~32 的整数，如 24。

在进行配置时，子网掩码和掩码长度 2 选 1 即可。

下一跳 IP 地址：X.X.X.X，如 192.168.2.1。下一跳 IP 地址为接收此数据包的路由器的接口 IP 地址。

以太网是广播型网络，以太网中同一网络可能连接了多台路由器。如果在配置静态路由时只指定了输出接口，则路由器无法将报文转发到正确的下一跳。

2) 串行网络

如果路由器使用了串口(Serial Interface)作为输出接口，则在设置静态路由命令时可以通过参数接口类型(interface-type) 和接口号(interface-number)来进行配置，也可以通过参数下一跳 IP 地址来进行配置。图 4.14 所示为串行网络静态路由配置示意图。

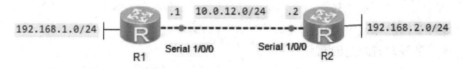

```
[R2]ip route-static 192.168.1.0 255.255.255.0 10.0.12.1
[R2]ip route-static 192.168.1.0 255.255.255.0 Serial 1/0/0
[R2]ip route-static 192.168.1.0 24 Serial 1/0/0
```

图 4.14　串行网络静态路由配置示意图

通过接口信息配置静态路由的配置命令如下：

　　ip route-static　目的 IP 地址　子网掩码/掩码长度　接口类型　接口号

参数说明：

下一跳 IP 地址：10.0.12.1。

接口类型(interface-type)：Serial 串口。

接口号(interface-number)：1/0/0。

在华为 ARG3 系列路由器中，串行接口默认封装 PPP 协议，对于这种类型的接口，静态路由的下一跳地址是与接口相连的对端接口的地址，所以在串行网络中配置静态路由时可以只配置输出接口。

在广播型接口上配置静态路由时，必须明确指定下一跳地址。以太网中同一网络可能连接了多台路由器，如果在配置静态路由时只指定了输出接口，则路由器无法将报文转发到正确的下一跳。

3) 负载均衡

当源网络和目的网络之间存在多条链路时，可以通过等价路由来实现流量负载均衡。这些等价路由具有相同的目的网络、掩码、优先级和度量值。如图 4.15 所示，R1 和 R2 之间有两条链路相连，通过使用等价的静态路由来实现流量负载均衡。

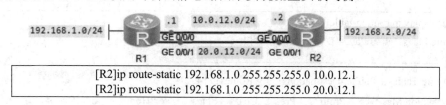

```
[R2]ip route-static 192.168.1.0 255.255.255.0 10.0.12.1
[R2]ip route-static 192.168.1.0 255.255.255.0 20.0.12.1
```

图 4.15　静态路由实现负载均衡

在图 4.15 中，R2 上配置了两条静态路由，它们具有相同的目的 IP 地址、网络掩码、优先级(都为 60)、路由开销(都为 0)，但下一跳 IP 地址不同。在 R2 需要转发数据给 R1 时，就会使用这两条等价静态路由将数据进行负载分担。当然在 R1 上也应该配置对应的两条等价的静态路由。

在配置完静态路由之后，可以使用 display ip routing-table 命令来验证配置结果，如图 4.16 所示。

```
[R2]display ip routing-table
Route Flags：R - relay， D - download to fib
-----------------------------------------------------------------------
Routing Tables：Public Destinations：13 Routes：14
Destination/Mask      Proto    Pre    Cost    Flags    NextHop       Interface
…
192.168.1.0/24        Static   60     0       RD       10.0.12.1     GigabitEthernet 0/0/0
                      Static   60     0       RD       20.0.12.1     GigabitEthernet 0/0/1
```

图 4.16　验证配置结果

4) 路由备份及验证

在配置多条静态路由时，可以修改静态路由的优先级，使一条静态路由的优先级高于其他静态路由，从而实现静态路由的备份，这叫浮动静态路由，如图 4.17 所示。

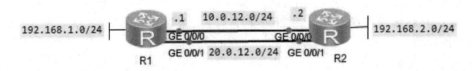

```
[R2]ip route-static 192.168.1.0 255.255.255.0 10.0.12.1
[R2]ip route-static 192.168.1.0 255.255.255.0 20.0.12.1 preference 100
```

图 4.17　静态路由的备份

在图 4.17 中，R2 上配置了两条静态路由。正常情况下，这两条静态路由是等价的，优先级均为 60。通过配置 preference 100，使第二条静态路由的优先级要低于第一条(优先级数值越小越优先)。路由器只把优先级最高的静态路由(即主用静态路由)加入到路由表中。当加入路由表中的静态路由出现故障时，优先级低的静态路由(即浮动静态路由)才会加入由表并承担数据转发业务。

在配置完静态路由之后，可以使用 display ip routing-table 命令来验证配置结果。如图 4.18 所示，由于修改了优先级，回显中只有一条默认优先级为 60 的静态路由。另一条静态路由的优先级是 100，该路由优先级低，所以不会显示在路由表中。

```
[R2]display ip routing-table
Route Flags：R – relay，  D – download to fib
-----------------------------------------------------------------------------
Routing Tables：Public  Destinations：13  Routes：14
Destination/Mask      Proto    Pre    Cost    Flags    NextHop      Interface
...
192.168.1.0/24        Static   60     0       RD       10.0.12.1    GigabitEthernet 0/0/0
```

图 4.18　验证配置结果

当主用静态路由出现物理链路故障或者接口故障时，该静态路由不能再提供到达目的地的路径，所以在路由表中会被删除，浮动静态路由会被加入路由表，以保证报文能够从备份链路成功转发到目的地，如图 4.19 所示。

```
[R2]interface GigabitEthernet 0/0/0
[R2-GigabitEthernet 0/0/0]shutdown
[R2]display ip routing-table
Route Flags：R – relay，  D – download to fib
-----------------------------------------------------------------------------
Routing Tables：Public  Destinations：13  Routes：14
Destination/Mask      Proto    Pre    Cost    Flags    NextHop      Interface
...
192.168.1.0/24        Static   100    0       RD       20.0.12.1    GigabitEthernet 0/0/1
```

图 4.19　浮动静态路由被加入路由表

3. 缺省路由及验证

当路由表中没有与数据包的目的 IP 地址匹配的条目时，可以选择缺省路由作为数据包的转发路径。在路由表中，缺省路由的目的网络地址为 0.0.0.0，子网掩码为 0.0.0.0，优先级为 60，如图 4.20 所示。其中，R1 使用缺省路由转发到达未知目的地址的报文。在路由选择过程中，缺省路由被最后匹配。配置缺省路由后，可以使用 display ip routing-table 命令来查看该路由的详细信息，如图 4.21 所示，在路由表中没能匹配的所有报文都将通过 GigabitEthernet 0/0/0 接口转发到下一跳地址 10.0.12.2。

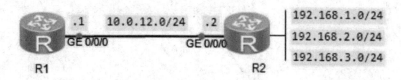

```
[R1]ip route-static 0.0.0.0 0.0.0.0 10.0.12.2

[R1]ip route-static 0.0.0.0 10.0.12.2 GigabitEthernet 0/0/0
```

图 4.20　缺省路由配置

```
[R1]display ip routing-table

Route Flags：R – relay，  D – download to fib

--------------------------------------------------------------------------

Routing Tables：Public  Destination：13  Routes：14
```

Destination/Mask	Proto	Pre	Cost	Flags	NextHop	Interface
…						
0.0.0.0/0	Static	60	0	RD	10.0.12.2	GigabitEthernet 0/0/0

图 4.21　查看路由信息

1. 完成静态路由的配置

假设你是公司的网络管理员。现在公司有 3 个局域网，IP 地址分别为 192.168.3.0/24、192.168.4.0/24、192.168.5.0/24，局域网内部有若干台主机通过交换机连接到 3 台路由器上，如图 4.22 所示。现需要配置路由器静态路由和交换机，使网络合理连通。

配置静态路由网络步骤如下：

(1) 按照图 4.22 所示，在 eNSP 中放置路由器、交换机和主机。

(2) 配置路由器和交换机名称。

通过命令设置第一个路由器名称为 Router1

```
<Huawei>system-view

[Huawei]sysname Router1
```

[Router1]

采用同样的方法设置路由器 Router2、Router3，交换机 Switch1、Switch2、Switch3。

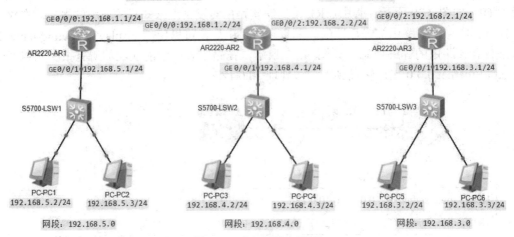

图 4.22　公司网络拓扑图

(3) 配置路由器 GigabitEthernet 接口 IP 地址。

设置 Router1 GE0/0/0 的 IP 地址为 192.168.1.1，子网掩码为 255.255.255.0

    [Router1]interface GigabitEthernet0/0/0

    [Router1-GigabitEthernet0/0/0]ip address 192.168.1.1 255.255.255.0

同样的方法设置 Router1 GE0/0/1 的 IP 地址为 192.168.5.1，子网掩码为 255.255.255.0。

同样的方法设置 Router2 GE0/0/0 的 IP 地址为 192.168.1.2，子网掩码为 255.255.255.0，Router2 GE0/0/1 的 IP 地址为 192.168.4.1，子网掩码为 255.255.255.0，Router2 GE0/0/2 的 IP 地址为 192.168.2.2，子网掩码为 255.255.255.0。

同样的方法设置 Router3 GE0/0/1 的 IP 地址为 192.168.3.1，子网掩码为 255.255.255.0，Router3 GE0/0/2 的 IP 地址为 192.168.2.1，子网掩码为 255.255.255.0。

配置完路由器接口 IP 地址后，可使用命令 "display ip interface brief" 来查看验证 IP 地址是否配置正确，如图 4.23 所示。

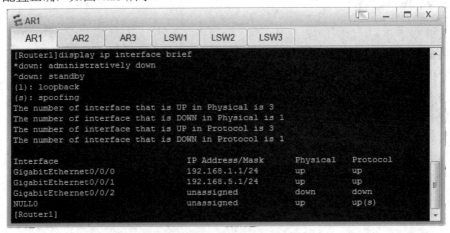

图 4.23　查看验证路由器接口 IP 地址

(4) 在路由器 Router1 上进行静态路由配置。到目的网络 192.168.4.0/24 的下一跳地址为 Router2 GE0/0/0 的端口地址,到目的网络 192.168.2.0/24 的下一跳地址为 Router2 GE0/0/0 的端口地址,到目的网络 192.168.3.0/24 的下一跳地址也为 Router2 GE0/0/0 的端口地址,配置 Router0 的静态路由命令如下:

[Router1]ip route-static 192.168.4.0 255.255.255.0 192.168.1.2

[Router1]ip route-static 192.168.2.0 255.255.255.0 192.168.1.2

[Router1]ip route-static 192.168.3.0 255.255.255.0 192.168.1.2

(5) 在路由器 Router2 上进行静态路由配置。到目的网络 192.168.3.0/24 的下一跳地址为 Router3 GE0/0/2 的端口地址,到目的网络 192.168.5.0/24 的下一跳地址为 Router1 GE0/0/0 的端口地址,命令为:

[Router2]ip route-static 192.168.3.0 255.255.255.0 192.168.2.1

[Router2]ip route-static 192.168.5.0 255.255.255.0 192.168.1.1

(6) 在路由器 Router3 上进行静态路由配置。我们采用默认路由的方式进行配置,由于所有和 Router3 不直接相连的网络,都必须经过 Router2 GE0/0/2 来进行连接,也就是说通往网络 192.168.1.0/24,192.168.4.0/24,192.168.5.0/24 都必须要经过 Router2 GE0/0/2 来进行连接,所以可以直接将默认路由设置为 Router2 GE0/0/2。

[Router3]ip route-static 0.0.0.0 0.0.0.0 192.168.2.2   //设置默认路由

当完成静态路由配置后,可以通过命令"display ip routing-table"查看路由器中路由表的详细信息。

(7) 验证连通性。采用 Ping 命令,通过 PC1 Ping PC5 来验证网络连通性,如图 4.24 所示。

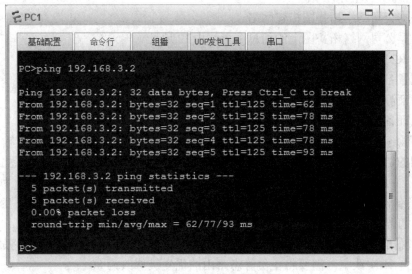

图 4.24　测试网络的连通性

注意:若要删除静态路由,在设置静态路由命令前加上 undo 即可。

[Router1]undo ip route-static 192.168.4.0 255.255.255.0 192.168.1.2   //删除已设置的静态路由

2. 完成静态路由与缺省路由的配置

假设你是公司的网络管理员。现在公司有一个总部与两个分支机构。其中 R1 为总部路由器，R2、R3 为分支机构，总部与分支机构间通过以太网实现互联，当前公司网络中没有配置任何路由协议。

由于网络的规模比较小，你可以通过配置静态路由和缺省路由来实现网络互通。IP 编址信息如图 4.25 所示。

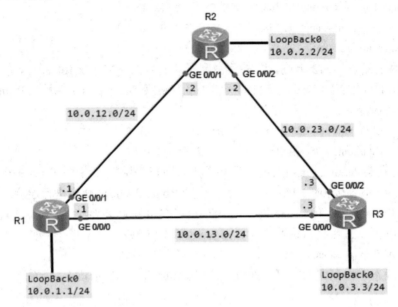

图 4.25　网络拓扑图

要求完成以下任务：

(1) 根据公司网络拓扑图搭建网络。

(2) 根据公司网络拓扑图上的信息配置路由 IP 地址。

(3) 在 R2 上配置静态路由。

(4) 配置备份静态路由。

(5) 验证静态路由。

(6) 验证备份静态路由。

R2 与网络 10.0.13.3 和 10.0.3.3 之间交互的数据通过 R2 与 R3 间的链路传输。如果 R2 和 R3 之间的链路发生故障，R2 将不能与网络 10.0.13.3 和 10.0.3.3 通信。但是根据拓扑图可以看出，当 R2 和 R3 间的链路发生故障时，R2 还可以通过 R1 与 R3 通信。所以可以通过配置一条备份静态路由实现路由的冗余备份。正常情况下，备份静态路由不生效。当 R2 和 R3 之间的链路发生故障时，才使用备份静态路由传输数据。

配置备份静态路由时，需要修改备份静态路由的优先级，确保只有主链路故障时才使用备份路由。本实践中，需要将备份静态路由的优先级修改为 80。

参考命令：

[R1]ip route-static 10.0.3.0 24 10.0.13.3

[R2]ip route-static 10.0.13.0 24 10.0.12.1 preference 80

[R2]ip route-static 10.0.3.0 24 10.0.12.1 preference 80

[R3]ip route-static 10.0.12.0 24 10.0.13.1

任务三 路由信息协议 RIP

【知识目标】

(1) 掌握 RIP 的工作原理。

(2) 掌握 RIP 的配置方法。

【能力目标】

(1) 能够掌握 RIP 的配置。

(2) 能够掌握 RIP 的信息查看。

动态路由器上的路由表项是通过相互连接的路由器之间交换彼此信息，然后按照一定的算法优化出来的。这些路由信息在一定时间间隙里不断更新，以适应不断变化的网络，以便随时获得最优的寻址效果。

根据是否在一个自治域内部使用，动态路由协议分为内部网关协议(IGP)和外部网关协议(EGP)。这里的自治域指一个具有统一管理机构、统一路由策略的网络。自治域内部采用的路由选择协议称为内部网关协议，常用的有 RIP、OSPF；外部网关协议主要用于多个自治域之间的路由选择，常用的是 BGP 和 BGP-4。

1. 路由信息协议概述

路由信息协议(Routing Information Protocol，RIP)是一种比较简单的内部网关协议。RIP 使用了基于距离矢量的贝尔曼-福特算法(Bellman-Ford)来计算到达目的网络的最佳路径。在默认情况下，RIP 协议使用跳数作为度量值，来衡量到达目的网络的距离。RIP 主要应用于规模较小的网络中。

最初的 RIP 协议开发时间较早，在带宽、配置和管理方面要求也较低，因此，RIP 主要适合于规模较小的网络中。

2. RIP 的工作原理

对网络中运行的一台新路由器来说，它的路由表只会包含直连路由。运行 RIP 之后，路由器以广播的形式发送 Request 报文，用来请求网络中邻居路由的回复，运行 RIP 的邻居路由器收到该 Request 报文后，先查看自身的路由表，根据路由表中的信息生成 Response 回复报文。当路由器收到邻居路由器的 Response 回复报文后，将 Response 报文中相应的路由信息添加到自己的路由表中，最终形成包含整个网络路由信息的路由表。

RIP 网络稳定以后，路由器每隔 30s(默认时间)周期性地向邻居路由器发送自己的整张路由表的路由信息。邻居路由器根据收到的路由信息，即收到路由更新报文，刷新自己的路由表。更新本路由器的 RIP 路由表原则如下：

(1) 对于本路由表中已有的路由条目，当其下一跳是该邻居路由器时，不论度量值将要增大还是减少，都更新该路由条目，如果度量值相同，则将老化定时器归 0。

(2) 对于本路由表中已有的路由条目，当其下一跳不是该邻居路由器时，如果度量值将减少，则更新该路由条目。

(3) 对于本路由表中未添加的路由条目，如果度量值小于 16，则在路由表中增加该路由项。

(4) 如果一台路由器的路由表中某路由条目的度量值变为不可达(>15)后，则该路由器将在 Response 回复报文中发布 4 次(约 120 秒)，然后将此路由条目从路由表中删除。

在 RIP 网络中，路由表中的每一个路由条目都对应一个老化定时器(Age time)。当路由器学到一条路由并将其添加到路由表中时，老化定时器启动，当该路由条目在 180 s 内没有任何刷新时，即老化定时器超时，此路由条目被路由表删除。

RIP 协议采用了距离矢量算法，默认情况下，RIP 使用跳数作为度量值来衡量到达目的网络的距离。在 RIP 网络中，如果一个终端设备与路由器直连，并且发送 1 个数据包给此 RIP 路由器，那么终端设备与路由器之间的跳数为 0。当路由器接收到那个数据包后，会按照路由表最优路径将数据包转发出去，此时，数据包每经过一个路由器的输出接口，跳数就加 1，如图 4.26 所示。

特别注意：为限制收敛时间，RIP 规定跳数的取值范围为 0～15 之间的整数，大于 15 的跳数被定义为无穷大，即目的网络或主机不可达。

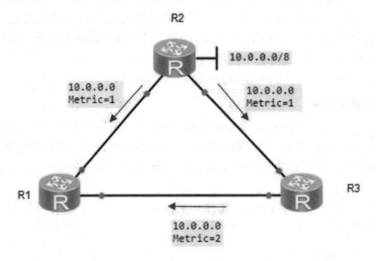

图 4.26　RIP 度量示意图

3. RIP 的版本

RIP 协议在发展过程中形成了两个版本，分别为 RIPv1 和 RIPv2。

RIPv1 作为一个有类别路由协议，更新消息中是不携带子网掩码的，这意味着它不支持 VLSM 和 CIDR。同样，RIPv1 作为一个古老协议，使用广播发送报文，不提供认证功能，这可能会产生潜在的危险性。

RIPv2 与 RIPv1 相比较而言，最大的不同是 RIPv2 为一个无类别路由协议，其更新消息中携带子网掩码。RIPv2 有两种发送方式：广播方式和组播方式，它的组播地址为 224.0.0.9。它支持 VLSM、CIDR，支持明文认证和 MD5 密文认证，应用范围更加广泛。

4. RIP 的基本配置

如果希望网络中的路由器开启 RIP 路由协议，则需要对其进行相应的 RIP 协议配置。路由器 RIP 配置命令基本包括 3 个步骤：开启 RIP 协议、选择所需 RIP 协议的版本和声明 RIP 协议的工作区间，如图 4.27 所示。

RIP 协议的基本配置步骤如下：

(1) 路由器开启 RIP 协议。

　　[路由器] rip 进程 id

注意：如果未指定进程 id，系统将默认 1 为缺省进程 id。

(2) 选择所需 RIP 的版本。运行 RIP 路由协议后，可以选择配置所需 RIP 的版本，如所需为 RIPv2 版本，命令如下：

　　[路由器- rip-1] version 2

注意：命令 version 2 可使 RIP 协议支持 VLSM、认证等。

(3) 声明 RIP 网络。

　　[路由器- rip-1] network 网段地址

注意：声明 RIP 网络必须是一个自然网段的地址。只有处于此网络中的接口，才能进行 RIP 报文的接收和发送。

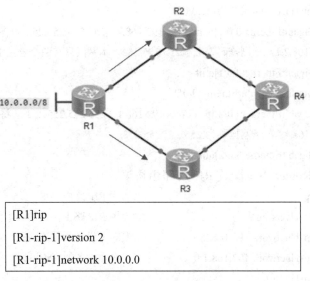

```
[R1]rip
[R1-rip-1]version 2
[R1-rip-1]network 10.0.0.0
```

图 4.27　RIP 路由配置

1. 完成动态 RIP 路由的配置 1

假设你是公司的网络管理员。您所管理的小型网络中包含两台路由器和一台交换机，公司网络为一个小型网络，公司网络拓扑图如图 4.28 所示。请为该企业网络配置 RIP 协议，使得网络按照 RIP 协议进行通信。

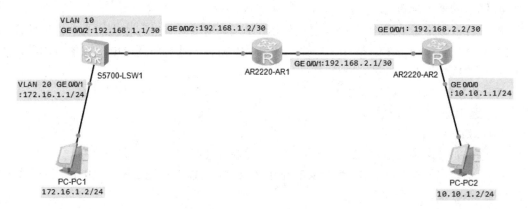

图 4.28　小型企业网络拓扑图

具体配置动态 RIP 路由网络的步骤如下：

(1) 根据图 4.28 利用 eNSP 软件搭建网络拓扑图，并为每台计算机配置 IP 地址。

(2) 路由器 AR1 的基本配置。

　　　　\<Huawei\>system-view

　　　　[Huawei]sysname Router-A　　　　//将 AR1 命名为 Router-A

　　　　[Router-A]interface GigabitEthernet0/0/1

　　　　[Router-A-GigabitEthernet0/0/1]ip address 192.168.2.1 255.255.255.252　//将路由器 GE0/0/1 端口的
地址配置为 192.168.2.1，子网掩码为 255.255.255.252，本网段只有两个合法 IP 地址

　　　　[Router-A-GigabitEthernet0/0/1]quit

　　　　[Router-A]interface GigabitEthernet0/0/2

　　　　[Router-A-GigabitEthernet0/0/2]ip address 192.168.1.2 255.255.255.252　//将路由器 GE0/0/2 端口的
地址配置为 192.168.1.2，子网掩码为 255.255.255.252

　　　　[Router-A-GigabitEthernet0/0/2]quit

(3) 在路由器 Router-A 上配置 RIPv2 路由协议。

　　　　[Router-A]rip　　　　　　　　　　　//启用 RIP 路由协议

　　　　[Router-A-rip-1]version 2　　　　　　//设置 RIP 路由协议的版本为 RIPv2

　　　　[Router-A-rip-1]network 192.168.2.0　　//发布本设备的直连网段

　　　　[Router-A-rip-1]network 192.168.1.0　　//发布本设备的直连网段

　　　　[Router-A-rip-1]return

　　　　\<Router-A\>save

　　　　The current configuration will be written to the device.

　　　　Are you sure to continue? (y/n)[n]：y

(4) 路由器 AR2 的基本配置。

　　　　\<Huawei\>system-view

　　　　[Huawei]sysname Router-B　　　　//将 AR2 命名为 Router-B

　　　　[Router-B]interface GigabitEthernet0/0/1

　　　　[Router-B-GigabitEthernet0/0/1]ip address 192.168.2.2 255.255.255.252　//将路由器 GE0/0/1 端口的
地址配置为 192.168.2.2，子网掩码为 255.255.255.252，本网段只有两个合法 IP 地址

[Router-B-GigabitEthernet0/0/1]quit

[Router-B]interface GigabitEthernet0/0/0

[Router-B-GigabitEthernet0/0/0]ip address 10.10.1.1 255.255.255.0　//将路由器 GE0/0/0 端口的地址配置为 10.10.1.1，子网掩码 255.255.255.0

[Router-B-GigabitEthernet0/0/0]quit

(5) 在路由器 Router-B 上配置 RIPv2 路由协议。

[Router-B]rip

[Router-B-rip-1]version 2

[Router-B-rip-1]network 192.168.2.0　　　　//发布本设备的直连网段

[Router-B-rip-1]network 10.0.0.0　　　　　//发布本设备的直连网段

[Router-B-rip-1]return

<Router-B>save

The current configuration will be written to the device.

Are you sure to continue? (y/n)[n]：y

(6) 三层交换机 LSW3 的基本配置。

<Huawei>system-view

[Huawei]sysname Switch-L3

[Switch-L3]vlan 10　//创建 VLAN 10

[Switch-L3]interface GigabitEthernet0/0/2

[Switch-L3-GigabitEthernet0/0/2]port link-type access　　　//将 GE0/0/2 端口设置为 Access 口

[Switch-L3-GigabitEthernet0/0/2]port default vlan 10　　　//将 GE0/0/2 端口添加到 VLAN 10 中

[Switch-L3-vlan10]interface Vlanif 10

[Switch-L3-Vlanif10]ip address 192.168.1.1 255.255.255.252　//为 VLAN 10 分配 IP 地址

[Switch-L3-Vlanif10]quit

[Switch-L3]vlan 20　// 创建 VLAN 20

[Switch-L3]interface GigabitEthernet0/0/1

[Switch-L3-GigabitEthernet0/0/1]port link-type access　　　//将 GE0/0/1 端口设置为 Access 口

[Switch-L3-GigabitEthernet0/0/1]port default vlan 20　　　//将 GE0/0/1 端口添加到 VLAN 20 中

[Switch-L3-GigabitEthernet0/0/1]interface Vlanif 20

[Switch-L3-Vlanif20]ip address 172.16.1.1 255.255.255.0　//为 VLAN 20 分配 IP 地址

[Switch-L3-Vlanif20]quit

(7) 在三层交换机 Switch-L3 上配置 RIPv2 路由协议。

[Switch-L3]rip　　　　　　　　　　　//启用 RIP 路由协议

[Switch-L3-rip-1]version 2

[Switch-L3-rip-1]network 192.168.1.0　　　//发布本设备的直连网段

[Switch-L3-rip-1]network 172.16.0.0 //发布本设备的直连网段，如果在 Switch-L3 上还创建了其他的
VLAN，则其 VLAN 所在的网段也必须在此一一进行发布

[Switch-L3-rip-1]return

<Switch-L3>save

The current configuration will be written to the device.

Are you sure to continue?[y/n]y

(8) 利用 ping 测试两台 PC 之间的连通性。

2. 完成动态 RIP 路由的配置 2

假设你是公司的网络管理员。你所管理的小型网络中包含三台路由器，并规划了五个网络，公司网络拓扑图如图 4.29 所示。你需要在网络中通过配置 RIP 路由协议来实现路由信息相互传输。

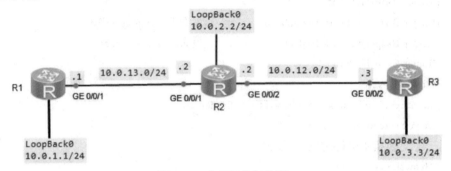

图 4.29　公司网络拓扑图

(1) 根据公司网络拓扑图搭建网络。

(2) 根据公司网络拓扑图上的信息配置路由 IP 地址。

(3) 配置 RIPv1 协议。

(4) 验证 RIPv1 路由。

(5) 在使用 RIPv1 协议后，对比发现 RIPv2 更有优势，于是采用 RIPv2 优化网络，并配置 RIPv2 协议。

(6) 验证 RIPv2 路由。

任务四　开放式最短路径优先协议 OSPF

【知识目标】

(1) 掌握 OSPF 的工作原理。

(2) 掌握 OSPF 的配置方法。

【能力目标】

(1) 能够掌握 OSPF 的配置。

(2) 能够掌握 OSPF 的信息查看。

OSPF 协议是一种非常重要的 IGP 协议，因为 RIP 协议存在收敛慢、易产生路由环路、

可扩展性差等问题，目前已逐渐被 OSPF 协议所取代。OSPF 协议的全称为 Open Shortest Path First，也就是开放式最短路径优先协议，是 IETF 定义的一种基于链路状态的内部网关路由协议，它从设计上就保证了无路由环路。

1. OSPF 概述

OSPF 协议是由 IETF IGP 工作小组提出的，一种基于 SPF 算法的路由协议。与 RIP 不同的地方是，在 OSPF 协议中，没有跳数限制，并且选择最佳路径的度量标准可以基于带宽、延迟、可靠性、负载和 MTU 等服务类型。因此，OSPF 协议是目前因特网和企业网采用最多、应用最广泛的路由协议之一。

OSPF 具备区域划分设置，支持触发更新和认证功能，可以解决网络扩容带来的问题。在 OSPF 网络中，可以包含多个 OSPF 工作区域，每个区域内部的路由器采用 SPF 最短路径算法实现区域内部无环路的效果。不同的 OSPF 工作区域之间采用相应的连接规则实现工作区域之间的无路由环路效果。

2. SPF 算法

最短路径优先算法 SPF 是由 Dijkstra 发明的。SPF 算法将每一个路由器作为根(ROOT)来计算其到每一个目的路由器的距离，每一个路由器根据一个统一的数据库计算出路由域的拓扑结构图，该拓扑结构图类似于一棵树，在 SPF 算法中，被称为最短路径树。

每个路由器以自己为根节点，通过 SPF 算法获得到达所有其他节点的最短的路径。它保证了通过到达连通的所有节点所需要的代价最小，也就是说这样的传输路径为网络中的最优路径。SPF 算法示意图如图 4.30 所示。

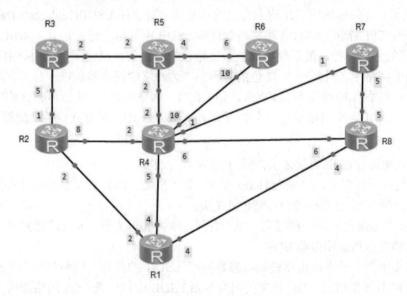

图 4.30　SPF 算法示意图

图 4.30 中的网络是由 8 台路由器组成的，路由器之间的连接线代表相连的 2 台路由器是相互连通的，而连接线两端的数字代表数据传输所花费的时间单位。例如从 R2 到达 R3 所花费的时间为 1，R3 到达 R2 所花费的时间为 5，以此类推。我们以 R1 为出发点，经过 SPF 算法，最终将得到从 R1 到达其他所有路由器的最短路径树，如图 4.31 所示。

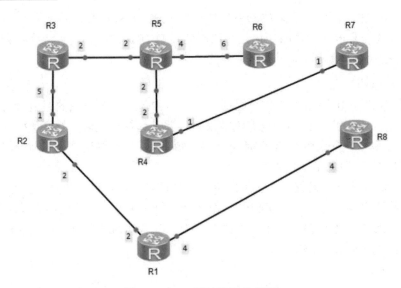

图 4.31　SPF 算法结果示意图

3. OSPF 原理介绍

OSPF 是一种基于链路状态的路由协议，想要计算出到达目的网络/主机的最优路径，就要求 OSPF 网络中的每台路由器均能了解整个网络的链路状态信息。当路由器开启 OSPF 协议后，首先会向外广播链路状态公告(Link State Advertisement，LSA)，LSA 中会包含路由器接口 IP 地址、子网掩码、开销、网络类型等信息。当路由器收到 LSA 之后，会读取 LSA 中的信息，并依据这些信息建立自己的链路状态数据库 LSDB(Link State Database)。然后路由器采用 SPF 算法，结合链路状态数据库 LSDB 中的信息进行运算，求出到达每个目的网络/主机的最优路径，最后使用这些最优路径的路由条目组建成自己的路由表。

在 OSPF 网络中，需要一个 32 位的号码来作为网络中路由器的唯一标识，这个号码就是 Router ID，它的组成形式为 X.X.X.X，如 1.1.1.1。网络管理员可以为每个 OSPF 路由手动配置一个 Router ID，也可以指定一个 IP 地址作为 Router ID。通常建议手动配置 Router ID。

4. OSPF 报文

OSPF 直接运行在 IP 协议之上，其 IP 协议号为 89。

OSPF 包括五种报文，分别为 Hello 报文、DD 报文、LSR 报文、LSU 报文和 LSACK 报文。这五种报文都使用相同的 OSPF 报文头。

Hello 报文是最常用的一种报文，用于发现、维护邻居关系，并在广播网络中选举指定路由器 DR 和备份指定路由器 BDR。

DD 报文中携带了本路由器链路状态数据库 LSDB 的信息，当两台路由器进行 LSDB 数据库同步时需要使用它。DD 报文的内容包括 LSDB 中每一条 LSA 的头部信息。

LSR 报文中仅携带了 LSA 的摘要信息，它的作用是当两台路由器交互过 DD 报文之后，路由器会对比出自己链路状态数据库 LSDB 中所没有的 LSA，然后向对方路由器发送 LSR 报文，请求所缺少的 LSA。

LSU 报文中携带了对方路由器所需求的 LSA。

LSACK 报文的作用是对接收到的 LSU 报文进行确认。

5. 邻居的状态机

在 OSPF 网络中，路由器会建立邻居和邻接关系。

邻居(Neighbor)：OSPF 路由器启动后，会通过 OSPF 接口向外发送 Hello 报文用于发现邻居。收到 Hello 报文的 OSPF 路由器会检查报文中所定义的一些参数，如果双方的参数一致，就会彼此形成邻居关系。

路由器在发送 LSA 之前必须先发现邻居并建立邻居关系。

邻接(Adjacency)：形成邻居关系的双方不一定都能形成邻接关系，这要根据网络类型而定。只有当双方成功交换 DD 报文，并能交换 LSA 之后，才形成真正意义上的邻接关系。

在建立邻居和邻接关系的过程中包含了 7 种状态 Down、Attempt、Init、2-Way、ExStart、Exchange、Loading、Full。

Down 状态时，没有从邻居收到任何信息，即这是邻居的初始状态。

Attempt 状态只在 NBMA 网络上存在，表示没有收到邻居的任何信息，但是已经周期性地向邻居发送报文了。

Init 状态时，表示路由器已接收到了邻居路由发送的 Hello 报文，但是自己却不在邻居路由的邻居列表中，两个路由器还没有建立双向通信，也没有建立邻居关系。

2-Way 状态时，表示两个路由器已经建立完成双向通信，完成了邻居关系的建立，但是没有建立邻接关系。在路由器建立完邻居关系后，下一步就要完成邻接关系的建立。

ExStart 状态时，路由器会向邻居路由器发送不含有链路状态描述的 DD 报文，并会确定路由器之间的主从关系。

Exchange 状态时，路由器会向邻居路由器发送包含链路状态信息摘要的 DD 报文。

Loading 状态时，已经成为邻居的路由器会相互发送 LSR 报文、LSU 报文。

Full 状态时，路由器已经完成了自身链路状态数据库 LSDB 的更新补充，此时的路由器已经了解了整个网络的链路状态信息。路由器之间已经完成邻接关系。

在 OSPF 网络中，邻居的状态机示意图如图 4.32 所示。

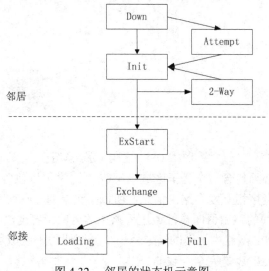

图 4.32 邻居的状态机示意图

在一个具有多台路由器的庞大 OSPF 网络中，如果任意两台路由器之间都要建立邻接关系，那它们就需要发送大量的报文。但这些报文中有很多都是重复的，会浪费设备的带宽资源，所以每一个含有至少两个路由器的 OSPF 广播型网络都有一个指定路由器 DR 和指定路由器的备份 BDR。

指定路由器 DR 和指定路由器的备份 BDR 是由同一网段中所有的路由器根据路由器优先级、Router ID，通过 Hello 报文选举出来的，只有优先级大于 0 的路由器才具有选取资格。

在一个 OSPF 网络中，选择一个路由器作为指定路由器 DR。其他所有路由器只和它交换整个网络的路由更新信息，并由它对邻居路由器发送更新报文，这样可节省网络流量。同时再指定一个指定路由器的备份 BDR，当 DR 出现故障时，BDR 起着备份的作用，确保网络的可靠性。

6. OSPF 配置及验证

在进行路由器 OSPF 协议配置之前，先要对配置网络进行分析与规划。OSPF 网络具备区域划分设置功能，OSPF 区域划分示意图如图 4.33 所示。划分 OSPF 区域可以缩小路由器的 LSDB 规模，减少网络流量。每个区域相对独立，都有自己的 LSDB，区域内的详细拓扑信息不向其他区域发送，区域间传递的是抽象的路由信息。由于详细链路状态信息不会被发布到区域以外，因此 LSDB 的规模大大缩小了。

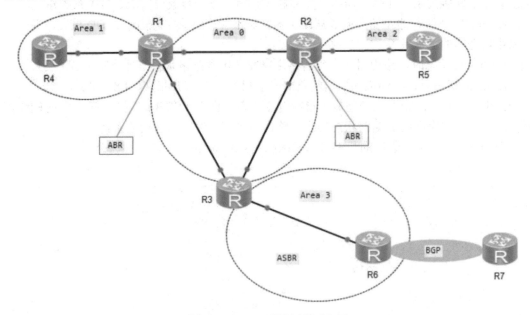

图 4.33　OSPF 区域划分示意图

在 OSPF 网络中必须包含一个骨干区域 Area 0，同时可以包含多个非骨干区域。因非骨干区域之间不允许直接相互发布路由信息，所以每个非骨干区域都必须与骨干区域 Area 0 相连。运行在区域之间的路由器叫作区域边界路由器 ABR，它包含所有相连区域的 LSDB。

在规模较小的 OSPF 网络中，可以仅划分一个区域即骨干区域 Area 0。在同一个 OSPF 区域中，路由器中的 LSDB 是完全一致的。

路由器配置 OSPF 协议，一般包含 3 个步骤：首先开启 OSPF 路由功能并配置 Router ID；其次声明划分区域；最后声明 OSPF 网络。具体 OSPF 配置方法如图 4.34 所示。

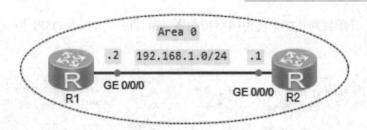

图 4.34　OSPF 配置示意图

具体 OSPF 配置及验证步骤如下：

(1) 开启 OSPF 路由功能并配置 Router ID。

　　[路由器] ospf router-id X.X.X.X

注意：以上命令中的 router-id 代表路由器的 ID。

(2) 声明划分区域。

　　[路由器-ospf-1] area 0

注意：以上命令声明的路由器属于 OSPF 网络中的骨干区域。

(3) 声明 OSPF 网络。

　　[路由器-ospf-1-area-0.0.0.0] network 网段地址 子网掩码反码

在配置完 OSPF 网络后，可使用命令 display ospf peer 查看邻居相关的信息，包括区域、接口信息、邻居的状态 DR 和 BDR 情况等，如图 4.35 所示。

```
[R1]display ospf peer
OSPF Process 1 with Router ID 1.1.1.1
Neighbors
Area 0.0.0.0 interface 192.168.1.2(GigabitEthernet0/0/0)'s
neighbors
Router ID：2.2.2.2    Address：192.168.1.1
State：Full  Mode：Nbr  is  Slave  Priority：1
DR：192.168.1.2  BDR：192.168.1.1 MTU：0
Dead timer due in 40 sec
Retrans timer interval：5
Neighbor is up for 00：00：30
Autentication Sequence：[0]
```

图 4.35　OSPF 验证示意图

1. 完成动态 OSPF 路由的配置 1

假设你是公司的网络管理员，现在公司网络中包含 4 台路由器与 2 台主机。你需要划分 OSPF 区域，并配置路由器，使得网络按照图 4.36，最终形成以 OSPF 协议为基础的连通网络。

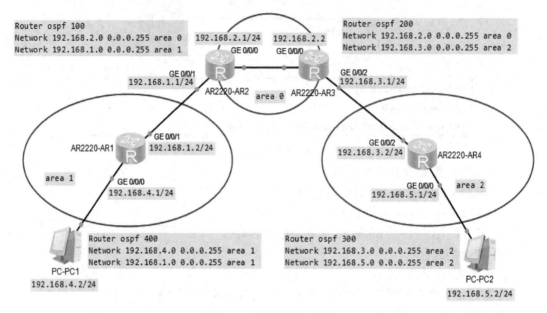

图 4.36　企业网络拓扑图

动态 OSPF 路由网络的配置步骤如下：

(1) 根据图 4.36 所示，利用 eNSP 软件搭建虚拟环境，并为每台计算机配置 IP 地址。

(2) 路由器 AR1 的基本配置。

  <Huawei>system-view

  [Huawei]sysname Router-1

  [Router-1]interface GigabitEthernet0/0/0

  [Router-1-GigabitEthernet0/0/0]ip address 192.168.4.1 255.255.255.0　//将路由器 GE0/0/0 端口的地址配置为 192.168. 4.1，子网掩码为 255.255.255.0

  [Router-1-GigabitEthernet0/0/0]quit

  [Router-1]interface GigabitEthernet0/0/1

  [Router-1-GigabitEthernet0/0/1]ip address 192.168.1.2 255.255.255.0　//将路由器 GE0/0/1 端口的地址配置为 192.168.1.2，子网掩码为 255.255.255.0

  [Router-1-GigabitEthernet0/0/1]quit

(3) 在路由器 Router-1 上配置 OSPF 路由协议。

  [Router-1]ospf 400 router-id 1.1.1.1　//启用进程处理号为 400 的 OSPF 路由协议，并定义 Router-ID 为 1.1.1.1

  [Router-1-ospf-400]area 1　　//创建 OSPF 区域 Area 1

  [Router-1-ospf-400-area-0.0.0.1]network 192.168.4.0 0.0.0.255　//发布本设备的直连网段

  [Router-1-ospf-400-area-0.0.0.1]network 192.168.1.0 0.0.0.255　//发布本设备的直连网段

  [Router-1-ospf-400-area-0.0.0.1]return

  <Router-1>save

The current configuration will be written to the device.

Are you sure to continue? (y/n)[n]：y

(4) 路由器 AR2 的基本配置。

<Huawei>system-view

[Huawei]sysname Router-2

[Router-2]interface GigabitEthernet0/0/0

[Router-2-GigabitEthernet0/0/0]ip address 192.168.2.1 255.255.255.0　　//将路由器 GE0/0/0 端口的

地址配置为 192.168.2.1，子网掩码为 255.255.255.0

[Router-2-GigabitEthernet0/0/0]quit

[Router-2]interface GigabitEthernet0/0/1

[Router-2-GigabitEthernet0/0/1]ip address 192.168.1.1 255.255.255.0　　//将路由器 GE0/0/1 端口的

地址配置为 192.168.1.1，子网掩码为 255.255.255.0

[Router-2-GigabitEthernet0/0/1]quit

(5) 在路由器 Router-2 上配置 OSPF 路由协议。

[Router-2]ospf 100 router-id 2.2.2.2　　//启用进程处理号为 100 的 OSPF 路由协议，并定义 Router-ID

为 2.2.2.2

[Router-2-ospf-100]area 0　　//创建 OSPF 区域 Area 0

[Router-2-ospf-100-area-0.0.0.0]network 192.168.2.0 0.0.0.255　　//发布本设备的直连网段

[Router-2-ospf-100-area-0.0.0.0]quit

[Router-2-ospf-100]area 1　　//创建 OSPF 区域 Area 1

[Router-2-ospf-100-area-0.0.0.1]network 192.168.1.0 0.0.0.255　　//发布本设备的直连网段

[Router-2-ospf-100-area-0.0.0.1]return

<Router-2>save

The current configuration will be written to the device.

Are you sure to continue? (y/n)[n]：y

(6) 路由器 AR3 的基本配置。

<Huawei>system-view

[Huawei]sysname Router-3

[Router-3]interface GigabitEthernet0/0/0

[Router-3-GigabitEthernet0/0/0]ip address 192.168.2.2 255.255.255.0　　//将路由器 GE0/0/0 端口的地

址配置为 192.168.2.2，子网掩码为 255.255.255.0

[Router-3-GigabitEthernet0/0/0]quit

[Router-3]interface GigabitEthernet0/0/2

[Router-3-GigabitEthernet0/0/2]ip address 192.168.3.1 255.255.255.0　　//将路由器 GE0/0/2 端口的地

址配置为 192.168.3.1，子网掩码为 255.255.255.0

[Router-3-GigabitEthernet0/0/2]quit

(7) 在路由器 Router-3 上配置 OSPF 路由协议。

[Router-3]ospf 200 router-id 3.3.3.3　启用进程处理号 200 的 OSPF 路由协议，并定义 Router-ID 为

3.3.3.3

[Router-3-ospf-200]area 0 //创建 OSPF 区域 Area 0

[Router-3-ospf-200-area-0.0.0.0]network 192.168.2.0 0.0.0.255 //发布本设备的直连网段

[Router-3-ospf-200-area-0.0.0.0]quit

[Router-3-ospf-200]area 2 //创建 OSPF 区域 Area 2

[Router-3-ospf-200-area-0.0.0.2]network 192.168.3.0 0.0.0.255 //发布本设备的直连网段

[Router-3-ospf-200-area-0.0.0.2]return

<Router-3>save

The current configuration will be written to the device.

Are you sure to continue? (y/n)[n]：y

(8) 路由器 AR4 的基本配置。

<Huawei>system-view

[Huawei]sysname Router-4

[Router-4]interface GigabitEthernet0/0/0

[Router-4-GigabitEthernet0/0/0]ip address 192.168.5.1 255.255.255.0 //将路由器 GE0/0/0 端口的地址配置为 192.168. 5.1，子网掩码为 255.255.255.0

[Router-4-GigabitEthernet0/0/0]quit

[Router-4]interface GigabitEthernet0/0/2

[Router-4-GigabitEthernet0/0/2]ip address 192.168.3.2 255.255.255.0 //将路由器 GE0/0/2 端口的地址配置为 192.168.3.2，子网掩码为 255.255.255.0

[Router-4-GigabitEthernet0/0/2]quit

(9) 在路由器 Router-4 上配置 OSPF 路由协议。

[Router-4]ospf 300 router-id 4.4.4.4 //启用进程处理号为 300 的 OSPF 路由协议，并定义 Router-ID 为 4.4.4.4

[Router-4-ospf-300]area 2 //创建 OSPF 区域 Area 2

[Router-4-ospf-300-area-0.0.0.2]network 192.168.3.0 0.0.0.255 //发布本设备的直连网段

[Router-4-ospf-300-area-0.0.0.2]network 192.168.5.0 0.0.0.255 //发布本设备的直连网段

[Router-4-ospf-300-area-0.0.0.2]return

<Router-4>save

The current configuration will be written to the device.

Are you sure to continue? (y/n)[n]：y

(10) 配置完成后，利用 ping 命令在两台 PC 之间进行测试，验证网络的连通性。

2. 完成动态 OSPF 路由的配置 2

假设你是公司的网络管理员，公司网络拓扑图如图 4.37 所示。现在公司网络需要使用 OSPF 协议来进行路由信息的传递。你需要规划网络中所有路由器属于 OSPF 的区域 0，并在实际使用中，它们需要向 OSPF 发布默认路由。通过这次部署，你也可以了解 DR/BDR 选举的机制。

需要完成任务如下：

(1) 根据公司网络拓扑图搭建网络。

(2) 根据公司网络拓扑图上的信息配置路由 IP 地址。

(3) 配置 OSPF 路由协议。

(4) 验证 OSPF 配置。

(5) 修改 OSPF hello 和 dead 时间参数。

(6) OSPF 缺省路由发布及验证。

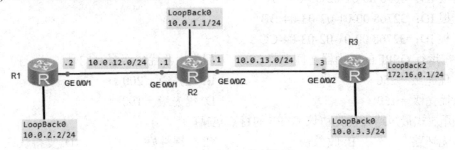

图 4.37　公司网络拓扑图

一、简述题

1. 简述什么是网关。

2. 路由器的作用是什么?

3. 常见的静态路由和动态路由的应用场景是什么?

4. 什么是 RIP 协议? 其中 RIPv1 与 RIPv2 的区别是什么? RIPv1 和 RIPv2 分别有哪些优缺点?

5. 简述配置缺省路由时目的网络地址是什么。

6. 简述什么是 OSPF 协议。

二、选择题

1. RIP 规定超过(　　　) 为网络不可达。

A. 13　　　　　　B. 14　　　　　　　　C. 15　　　　　　　　D. 16

2. 运行 OSPF 的路由器会向外发送 Hello 报文,目的地址 224.0.0.5,此目的地址为(　　　)。

A. 组播地址　　　B. 广播地址　　　　　C. 网段地址　　　　　D. 随机地址

3. 运行 OSPF 的路由器之间表示邻居状态已经建立好的标志是进入(　　　)。

A. Full 状态　　　B. Loading 状态　　　C. Exchang 状态　　　D. 2-Way 状态

4. 关于免费 ARP,下列说法正确的是(　　　)。

A. 通过发送免费 ARP,可以确认 IP 地址是否有冲突

B. 免费 ARP 报文的格式与普通 ARP 请求报文的格式相同

C. 免费 ARP 可以帮助更新旧的 IP 地址信息

D. 免费 ARP 报文的格式与普通 ARP 应答报文的格式相同

5. 最适合静态路由的应用场景为(　　　)。

A. 小型网络　　　B. 中型网络　　　　　C. 大型网络　　　　　D. 复杂型网络

6. 一个由四台交换机组成的网络拓扑中，这四台交换机都启动 STP 协议，在它们选举根桥时，优先级最高的为(　　　)。

A. 根 ID：4096 00-01-02-03-04-AA

B. 根 ID：4096 00-01-02-03-03-AA

C. 根 ID：32768 00-01-02-03-04-BB

D. 根 ID：32768 00-01-02-03-04-CC

7. 在运行 OSPF 的路由器之间选择 DR，下列路由器优先级最高的是(　　　)。

A. 优先级 = 250　　　　　　　　　　　B. 优先级 = 200

C. 优先级 = 150　　　　　　　　　　　D. 优先级 = 100

8. 开放式最短路径优先协议 OSPF 的特点包括(　　　)。

A. 无环路　　　　　B. 收敛快　　　　　C. 扩展性好　　　　　D. 支持认证

9. 路由信息协议 RIP 的特点包括(　　　)。

A. 配置简单，不支持认证功能　　　　　B. 易于维护

C. RIP 是一种比较简单的内部网关协议　　　D. 适合小型网络

10. 下列对缺省路由描述正确的是(　　　)。

A. 缺省路由是目的地址和掩码都为全 1 的特殊路由，指定下一跳

B. 缺省路由是目的地址和掩码都为全 1 的特殊路由，不指定下一跳

C. 缺省路由是目的地址和掩码都为全 0 的特殊路由，指定下一跳

D. 缺省路由是目的地址和掩码都为全 0 的特殊路由，不指定下一跳

11. RIP 协议中，支持明文认证和 MD5 密文认证的版本为(　　　)。

A. RIPv1　　　　　B. RIPv2　　　　　C. RIPv3　　　　　D. RIPv4

12. 当路由器需要激活 RIP 时，它就会向其他运行 RIP 的路由器发出 Request 报文，用来(　　　)。

A. 回复对方路由信息　　　　　　　　　B. 请求对方 ARP 缓存表信息

C. 请求对方 MAC 地址表信息　　　　　D. 请求对方路由信息

三、判断题

1. OSI 参考模型物理层的基本功能是在设备之间传输比特流，但不能规定电平、速度和电缆针脚。　　　　　　　　　　　　　　　　　　　　　　　(　　　)

2. 路由信息协议是一种基于链路状态算法的协议，使用跳数作为度量来衡量到达目的网络的距离。　　　　　　　　　　　　　　　　　　　　　　(　　　)

3. 在广播型的接口(如以太网接口)上配置静态路由时，必须要指定下一跳地址。

(　　　)

学习模块五

网络应用的实现

计算机网络为我们带来了资源共享、信息传输与集中处理、负载均衡与分布式处理、综合信息服务等显而易见的益处。

在资源共享中，资源包括软件资源和硬件资源。软件资源有形式多种多样的数据，如数字信息、消息、声音、图像等；硬件资源有各种设备，如打印机、FAX、MODEM。网络的出现使资源共享变得很简单，交流的双方可以跨越时空的障碍，随时随地传递信息。不管身处何方，通过网络都可以使用千里之外的计算机资源。

信息传输与集中处理则是数据通过网络传输到服务器(Server)中，由服务器集中处理后再送回到终端。

负载均衡与分布式处理是什么呢？举个典型的例子——一个大型 ICP(网络内容服务商)的网络访问量相当之大，为了支持更多的用户访问其网站，在全世界多个地方放置了相同内容的 WWW 服务器，通过一定技术使不同地域的用户看到放置在离他最近的服务器上的相同页面。这样就实现了各服务器的负荷均衡，并缩短了通信距离。

综合信息服务则是网络应用日益多元化的产物，即在一套系统上提供集成的信息服务，包括来自政治、经济等各方面的信息资源，同时还提供多媒体信息，如图像、语音、动画等。在多元化发展的趋势下，许多新形式的网络应用不断涌现，如电子邮件、IP 电话、视频点播、网上交易、视频会议等。

计算机网络是如何实现的呢？这将是我们学习本模块的目标。

站上超算之巅，助力智能中国

"天河二号"是由国防科大研制的超级计算机系统，以峰值计算速度为每秒 5.49 亿亿次、持续计算速度为每秒 3.39 亿亿次双精度浮点运算的优异性能位居榜首，成为全球最快的超级计算机。2014 年 11 月，全球超级计算机 500 强排行榜在美国公布，中国"天河二号"以比第二名美国"泰坦"快近一倍的速度获得了冠军。

"天河二号"超级计算机系统由 170 个机柜组成，包括 125 个计算机柜、8 个服务机柜、13 个通信机柜和 24 个存储机柜，其占地面积为 720 平方米，内存总容量为 1400 万亿字节，存储总容量为 12 400 万亿字节，最大运行功耗为 17.8 兆瓦。"天河二号"运算 1 小时，相当于 13 亿人同时用计算器计算一千年，其存储总容量相当于存储每册 10 万字的图书 600 亿册。"天河二号"超级计算机具有超强算力的同时，其系统也需要各种服务器集群的支撑与帮助。

目前，"天河二号"已应用于生物医药、新材料、工程设计与仿真分析、天气预报、智慧城市、电子商务、云计算与大数据、数字媒体和动漫设计等多个领域，未来还将广泛应用于大科学、大工程、信息化等领域，为经济社会转型升级提供重要支撑，助力智慧中国！

【素质目标】

(1) 培养科学发展观和创新思维。

(2) 深化家国情怀，提升民族自豪感。

任务一　VMware 虚拟机的配置与应用

【知识目标】

(1) 掌握 VMware 虚拟机的安装配置方法。

(2) 掌握 Windows Server 2003 操作系统的安装方法。

【能力目标】

(1) 能够安装、配置、管理 VMware 虚拟机。

(2) 能够在 VMware 虚拟机中安装 Windows Server 2003 操作系统。

知识 学习

随着计算机和网络技术的发展，共享资源管理越来越成为一个网络环境下影响协同工作效率的大问题，尤其是中小企业的内部网络处于不断的变化发展中，如何有效地管理网络中的资源并尽量地提高协同工作效率、减少管理成本都应该引起我们的关注。在企业网络中，由于实际工作需要，可能会出现一台终端设备在进行不同工作时需要使用不同的操作系统，或者为了更好地管理企业信息资源，企业的某台服务器上需要建立一台虚拟计算机。VMware 虚拟机就是一款最常见的虚拟计算机软件。

1. Vmware 虚拟机概述

VMware Workstation 是一款功能强大的桌面虚拟计算机软件，用户可在同一桌面上同时运行不同的操作系统，并可在一部实体机器上虚拟完整的网络环境。VMware Workstation 虚拟机提供了虚拟网络，实时快照，拖曳共享文件夹，支持 PXE 等功能，使用户在操作虚拟机时更加快捷、方便。VMware Workstation 虚拟机具有如下特点：

(1) 具备 BIOS 参数设置功能。VMware 虚拟机像真实计算机一样提供了 BIOS 设置功能，可以对 BIOS 的参数进行设置。

(2) 可同时运行多个操作系统。用户可以在一台计算机上同时运行多个操作系统，每一个虚拟主机下的操作系统都是相对独立的，拥有自己独立的网络地址，就像真实运行一个操作系统一样。

(3) 具有丰富的功能。VMware 虚拟机之间支持 TCP/IP、Novell Netware、Microsoft 虚拟网络以及 Samba 等文件共享服务。它支持不同操作环境下的剪切、复制和粘贴操作。还支持 CD-ROM 、软驱以及音频的输入/输出。在 VMware 软件窗口上有开启电源、关闭虚拟机电源以及复位键等，这些按钮的功能对于虚拟机来说，就如同电脑机箱上的按钮一样。

2. Vmware 虚拟机安装与配置

VMware Workstation 具有非常多的版本，这里以 VMware Workstation Pro 15.5 版本为例对虚拟机安装配置的具体步骤进行介绍。

(1) 运行 VMware 虚拟机软件安装包后，进入安装向导页面，如图 5.1 所示。

图 5.1 VMware 虚拟机安装向导

(2) 点击"下一步"按钮，弹出"VMWARE 最终用户许可协议"对话框，选择"我接受许可协议中的条款"，如图 5.2 所示。

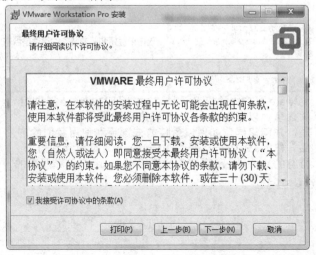

图 5.2 VMWARE 最终用户许可协议

（3）点击"下一步"按钮，进入安装路径设置页面，这里可以自定义 VMware 虚拟机的安装路径，如图 5.3 所示。

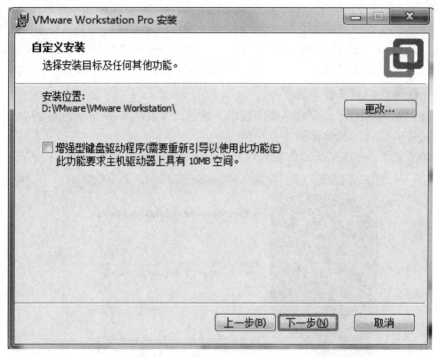

图 5.3　VMware 虚拟机的安装路径设置

（4）点击"下一步"按钮，进入用户体验设置页面，如图 5.4 所示。

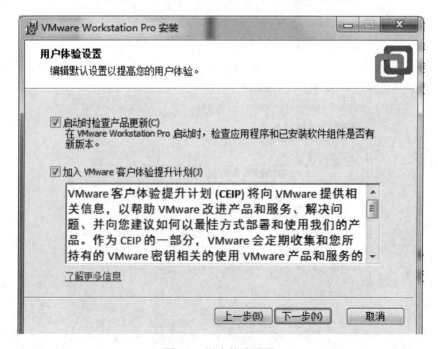

图 5.4　用户体验设置

(5) 点击"下一步"按钮，进入快捷方式设置页面，如图 5.5 所示。

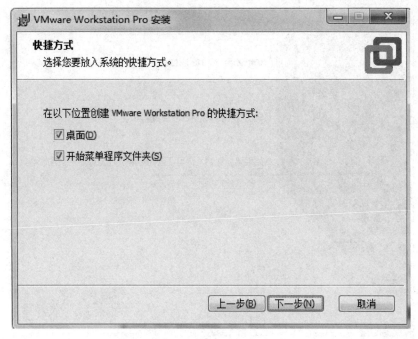

图 5.5　快捷方式设置

(6) 点击"下一步"按钮，点击"安装"按钮，开始进行 VMware 虚拟机安装，如图 5.6 所示。

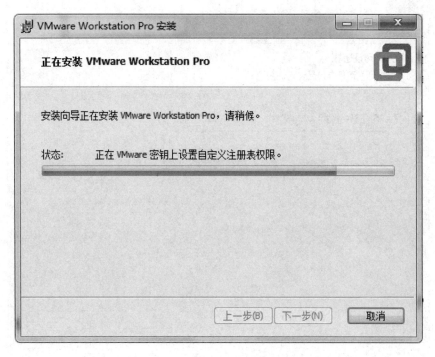

图 5.6　VMware 虚拟机安装

(7) VMware 虚拟机安装完成，如图 5.7 所示。

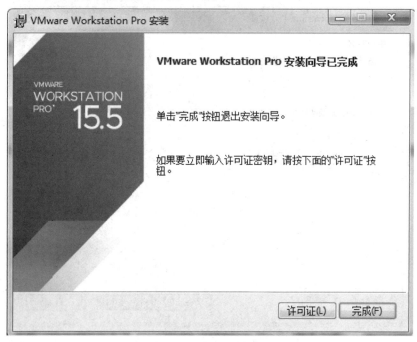

图 5.7 VMware 虚拟机安装完成

(8) 点击"许可证"按钮，输入许可证密钥，进行许可证验证，如图 5.8 所示。接下来就可以正常使用 VMware 虚拟机了。

图 5.8 输入许可证密钥

(9) 启动 VMware 虚拟机，如图 5.9 所示。

图 5.9　VMware 虚拟机页面

(10) 点击菜单 "Workstation" → "文件" → "新建虚拟机"，弹出 "新建虚拟机向导"
对话框，选择 "典型" 类型，如图 5.10 所示。

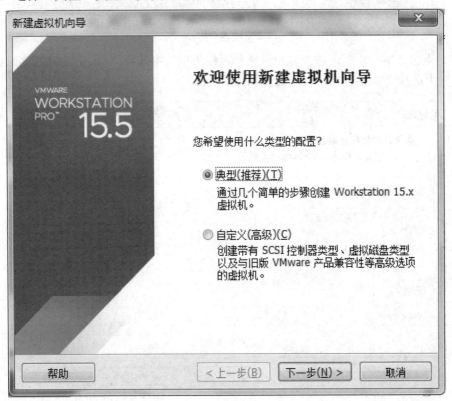

图 5.10　新建虚拟机向导

(11) 点击"下一步",选择"稍后安装操作系统",如图 5.11 所示。

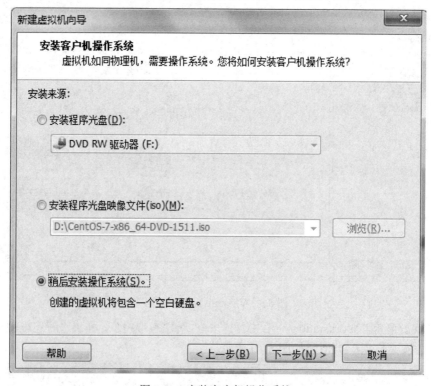

图 5.11　安装客户机操作系统

(12) 点击"下一步",在"客户机操作系统类型"中选择"Microsoft Windows",在"版本"中选择"Windows 10",如图 5.12 所示。

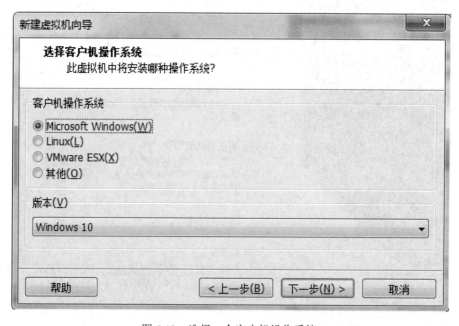

图 5.12　选择一个客户机操作系统

(13) 点击"下一步",虚拟机命名为"server1",虚拟机的安装位置选择一个空间较大的分区,并且为每个虚拟机单独创建一个目录,如图 5.13 所示。

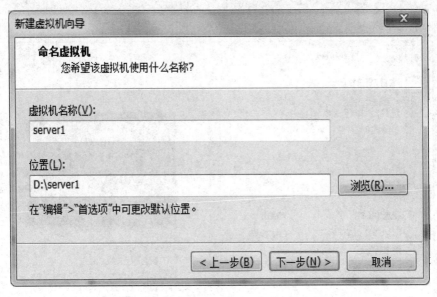

图 5.13 命名虚拟机

(14) 点击"下一步",按需求选择"最大磁盘大小",如 20 GB,如图 5.14 所示。

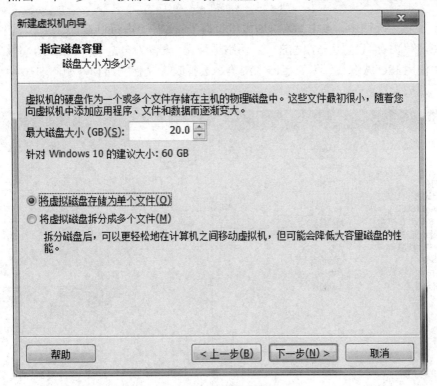

图 5.14 指定磁盘容量

(15) 点击"下一步"→"完成",完成虚拟机 server1 的创建。在 VMware 主界面中可以看到该虚拟机的标签，如图 5.15 所示。

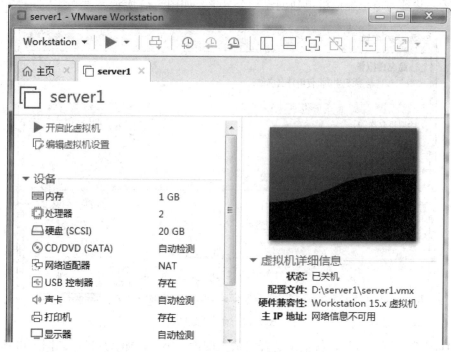

图 5.15　虚拟机 server1 标签

(16) 在该主界面中，点击"编辑虚拟机设置"，弹出"虚拟机设置"页面，在"硬件"选项卡中，将"内存"设置为 512 MB，将"网络适配器"设置为自定义(VMnet2)，将"CD\DVD"设置为"使用 ISO 映像文件"，点击"浏览"选择映像文件的路径，如图 5.16 所示，点击"确定"完成设置。

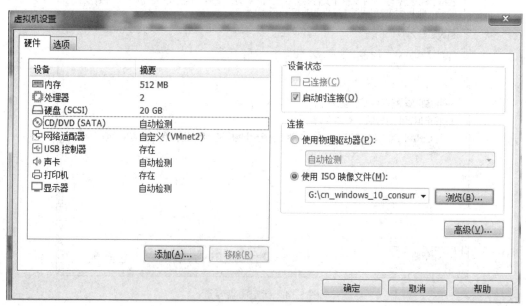

图 5.16　"虚拟机设置"页面

(17) 点击"开启此虚拟机"按钮，启动该虚拟机。当出现虚拟机开机界面时，如图 5.17 所示，马上按"F2"键，进入该虚拟机的 BIOS。在"Boot"标签中，设置"CD-ROM Drive"第一位，"Hard Drive"第二位，如图 5.18 所示。按"F10"键，保存并退出。至此，基本的虚拟机创建完成，之后可以安装服务器操作系统，以便提供所需服务器的相应服务。

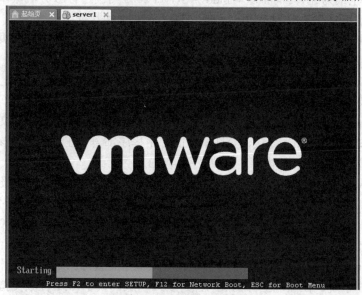

图 5.17 虚拟机启动界面

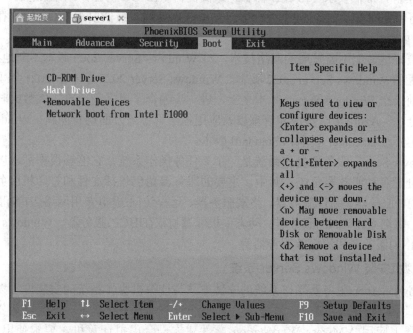

图 5.18 BIOS 设置界面

3. Windows Server 服务器操作系统概述

Windows Server 是微软的服务器操作系统，微软于 2003 年 4 月推出了该操作系统的首个版本 Windows Server 2003，之后随着网络技术的不断革新，Windows Server 服务器操作系统也在不断优化，后续微软又发布了 Windows Server 2003 R2、Windows Server 2008、Windows Server 2008 R2、Windows Server 2012、Windows Server 2012 R2、Windows Server 2016、Windows Server 2019 和 Windows Server 2022 版本。其中，Windows Server 2003 是所有版本的基础，也最为经典。下面以 Windows Server 2003 为例进行服务器操作系统的介绍。Windows Server 2003 主要分为 Web 版、标准版、企业版和数据中心版。

(1) Windows Server 2003 Web 版用于构建和存放 Web 应用程序、网页和 XML Web Services。它主要使用 IIS6.0 搭建 Web 服务器，并提供快速开发和部署使用 ASP.NET 技术的 XML Web Services 和应用程序。在性能上，该版本支持双处理器，最低支持 256MB 的内存，最高支持 2 GB 的内存。

(2) Windows Server 2003 标准版的应用对象是中小型企业，它可提供文件和打印机共享服务，提供安全的 Internet 连接，允许集中的应用程序部署。在性能上，该版本支持 4 个处理器，最低支持 256 MB 的内存，最高支持 4 GB 的内存。

(3) Windows Server 2003 企业版支持高性能服务器，并且可以集群服务器，以便处理更大的负荷。该版本实现了系统的可靠性，有助于确保系统在出现问题时仍可使用。在性能上，该版本一个系统或分区中最多支持八个处理器，八节点集群，最高支持 32 GB 的内存。

(4) Windows Server 2003 数据中心版是针对大型企业或国家机构而设计的，它是最强大的服务器操作系统，在性能上分为 32 位版与 64 位版。其中，32 位版支持 32 个处理器，支持 8 点集群，最低要求 128 MB 内存，最高支持 512 GB 内存；64 位版支持 Itanium 和 Itanium2 两种处理器，支持 64 个处理器，支持 8 点集群，最低要求 1 GB 的内存，最高支持 512 GB 内存。

为了更好地适配不断发展的网络技术，对 Windows Server 2003 版本不断地进行优化，一直到今天的 Windows Server 2022 版本。Windows Server 2022 版本于 2021 年 11 月发布，它建立在前一个 Windows Server 版本之上，进一步融合了更多云计算、大数据时代的新特性，在安全性、Azure 混合集成和管理以及应用程序平台等方面均有创新。Windows Server 2022 主要包括 Datacenter 版本和 Standard 版本。

Windows Server 服务器操作系统是一个多任务操作系统，它能够根据需求以集中或分布的方式处理各种服务器角色。其中，主要的服务器角色包括文件和打印机服务器、Web 服务器、FTP 服务器、邮件服务器、终端服务器、远程访问/虚拟专用网络(VPN)服务器、目录服务器、域名系统(DNS)服务器、动态主机配置协议(DHCP)服务器、Windows Internet 命名服务(WINS)服务器和流媒体服务器等。

4. 虚拟机安装 Windows Server 系统

Windows Server 服务器操作系统的安装方法与计算机操作系统的安装方法大同小异。在安装过程中，安装语言选择"中文"，即每一步都具有中文提示。下面以某公司需要在一台服务器上应用 VMware Workstation 软件建立一台虚拟计算机，要求使用 Microsoft Windows Server 2003 企业版为例，进行虚拟机安装 Windows Server 系统的介绍，具体步骤如下：

(1) 在 VMware Workstation 软件上创建一台虚拟机，具体步骤可参考图 5.9～图 5.18。请注意要求虚拟机使用 Microsoft Windows Server 2003 企业版操作系统，即在"客户机操作系统类型"选择"Microsoft Windows","版本"选择"Windows Server 2003 Enterprise Edition";虚拟机命名为"server1";硬盘容量为 10 GB,即"最大磁盘大小"设置为"10 GB";内存为 256 MB,即在虚拟机设置页面的"硬件"选项中,将"内存"设置为 256 MB,并将"CD\DVD"所使用的 ISO 映像文件选为 Windows Server 2003 Enterprise 安装包 ISO 映像文件所在的路径;设置 BIOS 参数,使开机后设备引导顺序为"CD-ROM Drive"第一位,"Hard Drive"第二位。

(2) 点击"开启此虚拟机"按钮,启动虚拟机"server1",进入安装 Windows Server 2003 系统的欢迎界面。按"回车"键,进入"Windows 授权协议"界面,按"F8"键进入磁盘分区界面,选择"未划分的空间",如图 5.19 所示,按"C"键,设置第一个分区为"6000 MB",如图 5.20 所示。利用同样方法将剩余空间设置为第 2 个分区。

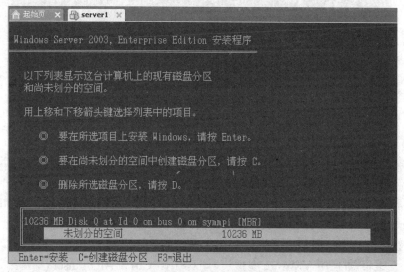

图 5.19 设置分区

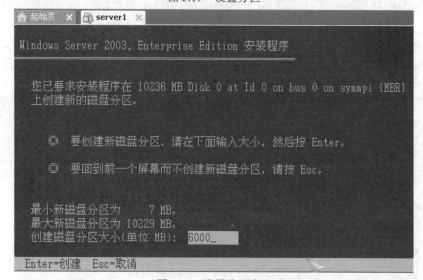

图 5.20 设置分区大小

(3) 选择"分区 1",按"回车"键,在该分区中安装 Windows Server 2003 系统,选择

"用 NTFS 文件系统格式化磁盘分区"来格式化本分区,如图 5.21 所示。

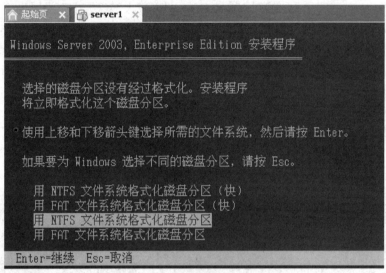

图 5.21 设置格式化分区

(4) 按"回车"键开始格式化该分区,完成后自动复制安装系统的源文件,复制完成后自动重启。

(5) 重新启动后,自动安装 Windows Server 2003 系统。设置区域和语言选项,输入姓名、单位、产品密钥、授权模式(选择"每设备或每用户")、计算机名称(server1)、管理员密码、日期和时间、网络设置(选择"典型设置")、工作组或计算机域(选择"workgroup"),点击"下一步",完成 Windows Server 2003 系统的安装。

(6) 重新启动计算机后,即可进入该操作系统的欢迎界面,如图 5.22 所示。按"Ctrl + Alt + Delete"组合键(使用 VMware 虚拟机时应使用"Ctrl + Alt + Insert"组合键),进入登录界面,如图 5.23 所示,输入管理员(administrator)的用户名和密码,即可登录到该系统的桌面环境。

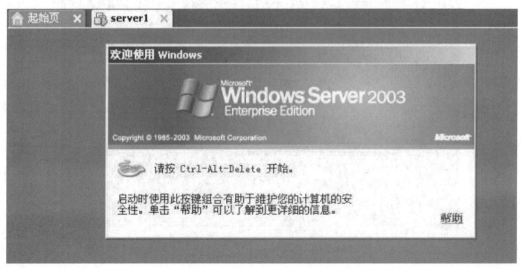

图 5.22 Windows 欢迎界面

图 5.23　Windows 登录界面

(7) 进入系统桌面环境后自动弹出"Windows 自动更新"对话框，点击"完成"后弹出"管理您的服务器"对话框，如图 5.24 所示。勾选该对话框下面的"在登录时不要显示此页"，关闭该对话框，即可进入 Windows Server 2003 的桌面环境，如图 5.25 所示。

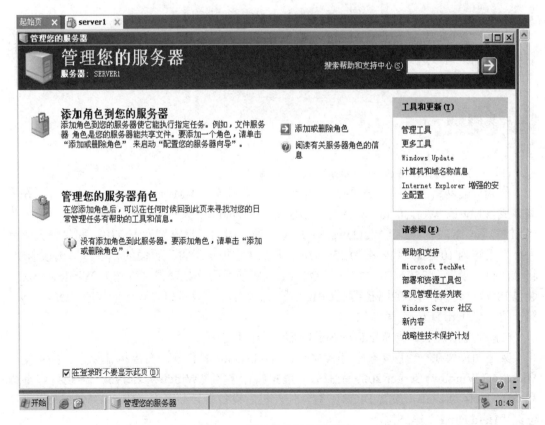

图 5.24　管理您的服务器界面

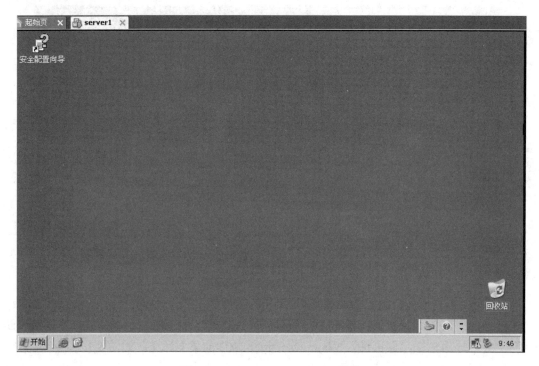

图 5.25　Windows Server 2003 桌面

至此，在 VMware 虚拟机软件上安装 Windows Server 2003 服务器操作系统全部完成，后续根据需求可以进行系统设置和相应服务器部署与配置等操作。

(1) 安装 VMware Workstation 软件并创建虚拟机。

作为一名网络工程师，公司要求你给一台计算机安装 VMware Workstation 软件。在安装完成 VMware Workstation 软件后，创建 2 个 Windows XP 虚拟机客户端，分别命名为"XP1"和"XP2"；2 个 Windows XP 虚拟机客户端的硬盘容量为 10 GB，即"最大磁盘大小"设置为 10 GB；其内存为 256 MB，即在"虚拟机设置"页面的"硬件"选项卡中，将"内存"设置 256 MB，并将"CD\DVD"所使用的 ISO 映像文件选为 Windows XP 安装包 ISO 映像文件所在的路径；设置 BIOS 参数，使开机后设备引导顺序为"CD-ROM Drive"第一位，"Hard Drive"第二位。

(2) 在虚拟机上安装 Windows Server 服务器操作系统。

某公司需要在一台服务器上用 VMware Workstation 软件建一台虚拟计算机，要求使用 Microsoft Windows Server 2003 企业版，虚拟机命名为"Windows Server"，硬盘容量达 30 GB，内存为 1 GB，设置 BIOS 参数，使开机后设备引导顺序为"CD-ROM Drive"第一位，"Hard Drive"第二位。

任务二　DHCP 原理与配置

【知识目标】

(1) 了解 DHCP 原理。

(2) 掌握 DHCP 配置方法。

【能力目标】

能够配置 DHCP 服务器。

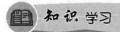

在大型企业网络中，有大量的主机或设备需要获取 IP 地址等网络参数。如果采用手工配置，工作量大且不好管理；如果有用户擅自修改网络参数，还可能造成 IP 地址冲突等问题。使用动态主机配置协议 DHCP 来分配 IP 地址等网络参数，可以减少管理员的工作量，避免用户手工配置网络参数时造成的地址冲突。

1. DHCP 应用场景

在大型企业网络中，一般会有大量的主机等终端设备。每个终端都需要配置 IP 地址等网络参数才能接入网络。在小型网络中，终端数量很少，可以手动配置 IP 地址。但是在大中型网络中，终端数量很多，手动配置 IP 地址的工作量大，而且配置时容易导致 IP 地址冲突等错误。

DHCP 是 Dynamic Host Configuration Protocol(动态主机分配协议)的缩写。DHCP 分为两个部分：一个是服务器端，而另一个是客户端。DHCP 服务器集中管理所有 IP 网络的配置数据，并负责处理客户端的 DHCP 要求；而客户端则会使用从服务器分配下来的 IP 环境数据。

DHCP 为网络终端动态分配 IP 地址，解决了手工配置 IP 地址时的各种问题。DHCP 服务器分配 IP 地址过程如图 5.26 所示。

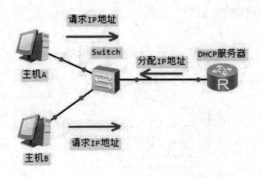

图 5.26　DHCP 服务器分配 IP 地址过程

2. DHCP 报文类型

1) DHCP 报文类型

DHCP 客户端初次接入网络时，会发送 DHCP 发现报文(DHCP Discover)，用于查找和定位 DHCP 服务器。

DHCP 服务器在收到 DHCP 发现报文后，发送 DHCP 提供报文(DHCP Offer)，此报文中包含 IP 地址等配置信息。

在 DHCP 客户端收到服务器发送的 DHCP 提供报文后，会发送 DHCP 请求报文(DHCP Request)。另外，在 DHCP 客户端获取 IP 地址并重启后，同样也会发送 DHCP 请求报文，用于确认分配的 IP 地址等配置信息。

DHCP 客户端获取的 IP 地址租期快要到期时，也发送 DHCP 请求报文向服务器申请延长 IP 地址租期。

收到 DHCP 客户端发送的 DHCP 请求报文后，DHCP 服务器会回复 DHCP 确认报文(DHCP ACK)。客户端收到 DHCP 确认报文后，会将获取的 IP 地址等信息进行配置和使用。

如果 DHCP 服务器收到 DHCP-REQUEST 报文后，没有找到相应的租约记录，则发送 DHCP-NAK 报文作为应答，告知 DHCP 客户端无法分配合适的 IP 地址。

DHCP 客户端通过发送 DHCP 释放报文(DHCP Release)来释放 IP 地址。收到 DHCP 释放报文后，DHCP 服务器可以把该 IP 地址分配给其他 DHCP 客户端。

2) 地址池

ARG3 系列路由器和 X7 系列交换机都可以作为 DHCP 服务器来为主机等设备分配 IP 地址。DHCP 服务器的地址池用来定义分配给主机的 IP 地址范围，它有两种形式。

接口地址池为连接到同一网段的主机或终端分配 IP 地址。可以在服务器的接口下执行 dhcp select interface 命令，配置 DHCP 服务器采用接口地址池的 DHCP 服务器模式为客户端分配 IP 地址。

全局地址池为所有连接到 DHCP 服务器的终端分配 IP 地址。可以在服务器的接口下执行 dhcp select global 命令，配置 DHCP 服务器采用全局地址池的 DHCP 服务器模式为客户端分配 IP 地址。

接口地址池的优先级比全局地址池的高。配置了全局地址池后，如果又在接口上配置了地址池，则客户端将会从接口地址池中获取 IP 地址。X7 系列交换机只能在 VLANIF 逻辑接口上配置接口地址池。

地址池配置信息如图 5.27 所示。

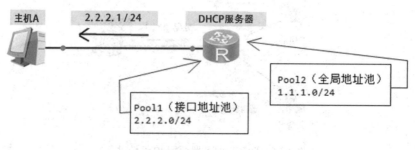

图 5.27　地址池配置信息

3. DHCP 工作原理

为了获取 IP 地址等配置信息，DHCP 客户端需要和 DHCP 服务器进行报文交互。

DHCP 客户端发送 DHCP 发现报文来发现 DHCP 服务器。DHCP 服务器会选取一个未分配的 IP 地址，向 DHCP 客户端发送 DHCP 提供报文。此报文中包含分配给客户端的 IP 地址和其他配置信息。如果存在多个 DHCP 服务器，则每个 DHCP 服务器都会响应。

如果有多个 DHCP 服务器向 DHCP 客户端发送 DHCP 提供报文，则 DHCP 客户端将会选择收到的第一个 DHCP 提供报文，然后发送 DHCP 请求报文，报文中包含请求的 IP 地址。收到 DHCP 请求报文后，提供该 IP 地址的 DHCP 服务器会向 DHCP 客户端发送一个 DHCP 确认报文，包含提供的 IP 地址和其他配置信息。DHCP 客户端收到 DHCP 确认报文后，会发送免费 ARP 报文，检查网络中是否有其他主机使用分配的 IP 地址。如果指定时间内没有收到 ARP 应答，DHCP 客户端会使用这个 IP 地址。如果有主机使用该 IP 地址，DHCP 客户端会向 DHCP 服务器发送 DHCP 拒绝报文，通知服务器该 IP 地址已被占用，然后 DHCP 客户端会向服务器重新申请一个 IP 地址。

DHCP 客户端和服务器之间的报文交互如图 5.28 所示。

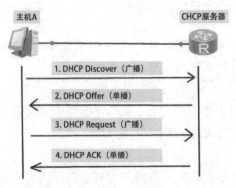

图 5.28　DHCP 客户端和服务器之间的报文交互

在 DHCP 客户端和 DHCP 服务器进行报文交互时，依据不同的实际情况，常会出现 DHCP 租期更新、DHCP 重捆绑和 IP 地址释放的情况。下面针对这三种情况进行详细说明。

1) DHCP 租期更新

申请到 IP 地址后，DHCP 客户端中会保存三个定时器，分别用来控制租期更新、租期重绑定和租期失效。DHCP 服务器为 DHCP 客户端分配 IP 地址时会指定三个定时器的值。如果 DHCP 服务器没有指定定时器的值，DHCP 客户端会使用缺省值，缺省租期为 1 天。默认情况下，还剩下 50%的租期时，DHCP 客户端开始租约更新过程，DHCP 客户端向分配 IP 地址的服务器发送 DHCP 请求报文来申请延长 IP 地址的租期。DHCP 服务器向客户端发送 DHCP 确认报文，给予 DHCP 客户端一个新的租期。

2) DHCP 重捆绑

DHCP 客户端发送 DHCP 请求报文续租时，如果 DHCP 客户端没有收到 DHCP 服务器的 DHCP 应答报文，则默认情况下，重绑定定时器在租期剩余 12.5%的时候超时，超时后，DHCP 客户端会认为原 DHCP 服务器不可用，开始重新发送 DHCP 请求报文。网络上任何一台 DHCP 服务器都可以应答 DHCP 确认或 DHCP 非确认报文。

如果收到 DHCP 确认报文，则 DHCP 客户端重新进入绑定状态，复位租期更新定时器和重绑定定时器。如果收到 DHCP 非确认报文，则 DHCP 客户端进入初始化状态。此时，DHCP 客户端必须立刻停止使用现有 IP 地址，重新申请 IP 地址。

3) IP 地址释放

租期定时器是地址失效进程中的最后一个定时器，超时时间为 IP 地址的租期时间。如果 DHCP 客户端在租期失效定时器超时前没有收到服务器的任何回应，DHCP 客户端必须立刻停止使用现有 IP 地址，发送 DHCP Release 报文，并进入初始化状态。然后，DHCP 客户端重新发送 DHCP 发现报文，申请 IP 地址。

4. DHCP 管理的相关概念

在 DHCP 服务过程中，会涉及到一些特有的概念，主要包括作用域、排除范围、地址池、租约和保留等。下面针对这些概念进行说明。

1) 作用域

作用域通常定义为，在网络中接受 DHCP 服务的单个物理子网。作用域中的服务器将 IP 地址及相关配置参数分发给网络中的客户端。

2) 排除范围

排除范围是 DHCP 服务从作用域内排除的 IP 地址序列。DHCP 服务器不会将这些范围中的地址提供给网络上的 DHCP 客户端。

3) 地址池

在 DHCP 作用域中设定排除范围后，剩余的地址形成可用的地址池。DHCP 服务器可将池内地址动态地指派给网络上的 DHCP 客户端。

4) 租约

租约是由 DHCP 服务器指定的一段时间，在此时间内客户端可以使用指派的 IP 地址。在租约过期之前，客户端通常需要向服务器更新指派给它的地址租约，租约期限决定租约何时期满以及客户端需要向服务器更新的频率。

5) 保留

在 DHCP 作用域中保留特定的 IP 地址分配给特定的客户端使用，以便该客户端每次申请 IP 地址时都拥有相同的 IP 地址。

这在实际应用中很有用处，在采用 DHCP 服务管理单位网络时，一方面可以避免用户随意更改 IP 地址，用户也无须设置自己的 IP 地址、网关地址、DNS 服务器等信息；另一方面可以通过此功能逐一为用户设置固定的 IP 地址，即所谓的"IP-MAC"绑定，这会减少不少维护工作量。

5. DHCP 接口地址池配置及验证

DHCP 支持配置两种地址池，包括全局地址池和接口地址池。

dhcp enable 命令具有使能 DHCP 功能。在配置 DHCP 服务器时，必须先执行 dhcp enable 命令，才能配置 DHCP 的其他功能并生效。

dhcp select interface 命令用来关联接口和接口地址池，为连接到接口的主机提供配置信息。在本例中，接口 GE0/0/0 被加入接口地址池中。

dhcp server dns-list 命令用来指定接口地址池下的 DNS 服务器地址。

dhcp server excluded-ip-address 命令用来配置接口地址池中不参与自动分配的 IP 地址范围。

dhcp server lease 命令用来配置 DHCP 服务器接口地址池中 IP 地址的租用有效期限。缺省情况下，接口地址池中 IP 地址的租用有效期限为 1 天。

DHCP 接口地址池配置及验证如图 5.29 所示。

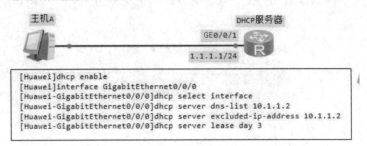

```
[Huawei]dhcp enable
[Huawei]interface GigabitEthernet0/0/0
[Huawei-GigabitEthernet0/0/0]dhcp select interface
[Huawei-GigabitEthernet0/0/0]dhcp server dns-list 10.1.1.2
[Huawei-GigabitEthernet0/0/0]dhcp server excluded-ip-address 10.1.1.2
[Huawei-GigabitEthernet0/0/0]dhcp server lease day 3
```

图 5.29　DHCP 接口地址池配置及验证

每个 DHCP 服务器可以定义一个或多个全局地址池和接口地址池。本例中执行 display ip pool 命令查看接口地址池的属性。display 信息中除了包含地址池的 IP 地址范围，还包括 IP 网关，子网掩码等信息。

6. DHCP 全局地址池配置及验证

在本示例中，配置了一个 DHCP 全局地址池。

ip pool 命令用来创建全局地址池。

network 命令用来配置全局地址池下可分配的网段地址。

gateway-list 命令用来配置 DHCP 服务器全局地址池的出口网关地址。

lease 命令用来配置 DHCP 全局地址池下的地址租期。缺省情况下，IP 地址租期是 1 天。

dhcp select global 命令用来使能接口的 DHCP 服务器功能。

DHCP 全局地址池配置及验证如图 5.30 所示。

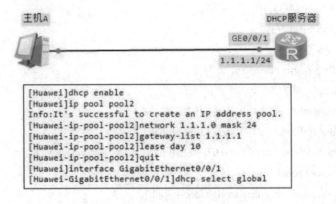

```
[Huawei]dhcp enable
[Huawei]ip pool pool2
Info:It's successful to create an IP address pool.
[Huawei-ip-pool-pool2]network 1.1.1.0 mask 24
[Huawei-ip-pool-pool2]gateway-list 1.1.1.1
[Huawei-ip-pool-pool2]lease day 10
[Huawei-ip-pool-pool2]quit
[Huawei]interface GigabitEthernet0/0/1
[Huawei-GigabitEthernet0/0/1]dhcp select global
```

图 5.30　DHCP 全局地址池配置及验证

display ip pool 命令可以查看全局 IP 地址池信息。管理员可以查看地址池的网关、子网掩码、IP 地址统计信息等内容，监控地址池的使用情况，了解已分配的 IP 地址数量，以及其他统计信息及使用情况。

1. DHCP 配置

跨越路由器的 DHCP 服务器，分别向同一交换机的不同 VLAN 分配不同网段的 IP 地址，使得三台不同网段 IP 的 PC，通过单臂路由的方式互通，网络拓扑结构图如图 5.31 所示。

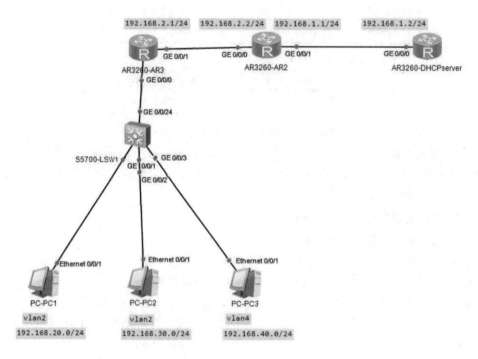

图 5.31　网络拓扑结构图

(1) 根据网络拓扑结构图搭建网络。

(2) DHCP 服务端配置：

```
<Huawei>sys
[Huawei]dhcp enable
[Huawei]int g0/0/0
[Huawei-GigabitEthernet0/0/0]ip add 192.168.1.2 24
[Huawei-GigabitEthernet0/0/0]dhcp select global
[Huawei]ip route-static 0.0.0.0 0.0.0.0 192.168.1.1
[Huawei]ip pool pool2
Info：It's successful to create an IP address pool.
[Huawei-ip-pool-pool2]network 192.168.20.0 mask 24    //配置全局地址池下可分配网段地址
[Huawei-ip-pool-pool2]gateway-list 192.168.20.254  //配置 DHCP 服务器全局地址池出口网关地址
[Huawei]ip pool pool3
Info：It's successful to create an IP address pool.
```

[Huawei-ip-pool-pool3]network 192.168.30.0 mask 24

[Huawei-ip-pool-pool3]gateway-list 192.168.30.254

[Huawei]ip pool pool4

Info： It's successful to create an IP address pool.

[Huawei-ip-pool-pool4]network 192.168.40.0 mask 24

[Huawei-ip-pool-pool4]gateway-list 192.168.40.254

(3) AR2 配置：

<Huawei>sys

[Huawei]dhcp enable

[Huawei]dhcp server group test_dhcp

[Huawei-dhcp-server-group-test_dhcp]dhcp-server 192.168.1.2 0

[Huawei]int g0/0/0

[Huawei-GigabitEthernet0/0/0]ip address 192.168.2.2 24

[Huawei-GigabitEthernet0/0/0]dhcp select relay

[Huawei-GigabitEthernet0/0/0]dhcp relay server-select test_dhcp

[Huawei-GigabitEthernet0/0/0]quit

[Huawei]int g0/0/1

[Huawei-GigabitEthernet0/0/1]ip address 192.168.1.1 24

[Huawei-GigabitEthernet0/0/1]dhcp select relay

[Huawei-GigabitEthernet0/0/1]dhcp relay server-select test_dhcp

[Huawei-GigabitEthernet0/0/1]quit

[Huawei] ip route-static 192.168.20.0 255.255.255.0 192.168.2.1

[Huawei] ip route-static 192.168.30.0 255.255.255.0 192.168.2.1

[Huawei] ip route-static 192.168.40.0 255.255.255.0 192.168.2.1

(4) AR3 配置：

<Huawei>sys

Enter system view， return user view with Ctrl+Z.

[Huawei]dhcp enable

[Huawei]int g0/0/0.20

[Huawei-GigabitEthernet0/0/0.20] dot1q termination vid 2

[Huawei-GigabitEthernet0/0/0.20] ip add 192.168.20.254 255.255.255.0

[Huawei-GigabitEthernet0/0/0.20]arp broadcast enable

[Huawei-GigabitEthernet0/0/0.20]dhcp select relay

[Huawei-GigabitEthernet0/0/0.20]dhcp relay server-select test_dhcp

[Huawei]int g0/0/0.30

[Huawei-GigabitEthernet0/0/0.30] dot1q termination vid 3

[Huawei-GigabitEthernet0/0/0.30] ip add 192.168.30.254 255.255.255.0

[Huawei-GigabitEthernet0/0/0.30]arp broadcast enable

[Huawei-GigabitEthernet0/0/0.30]dhcp select relay

[Huawei-GigabitEthernet0/0/0.30]dhcp relay server-select test_dhcp

[Huawei]int g0/0/0.40

[Huawei-GigabitEthernet0/0/0.40] dot1q termination vid 4

[Huawei-GigabitEthernet0/0/0.40] ip add 192.168.40.254 255.255.255.0

[Huawei-GigabitEthernet0/0/0.40]arp broadcast enable

[Huawei-GigabitEthernet0/0/0.40]dhcp select relay

[Huawei-GigabitEthernet0/0/0.40]dhcp relay server-select test_dhcp

[Huawei]dhcp server group test_dhcp

[Huawei-dhcp-server-group-test_dhcp]dhcp-server 192.168.1.2 0

[Huawei] ip route-static 0.0.0.0 0.0.0.0 192.168.2.2

(5) LSW1 交换机将 GE0/0/24 设置为 Trunk 口并放行相应 VLAN，GE0/0/1～GE0/0/3 分别放入如图 5.31 所示的 VLAN 中。

(6) 结果测试，三台 PC 成功获取到对应的 IP 地址，如图 5.32～图 5.35 所示。

图 5.32　检查 IPv4 设置

图 5.33　PC1 的 IP 地址信息

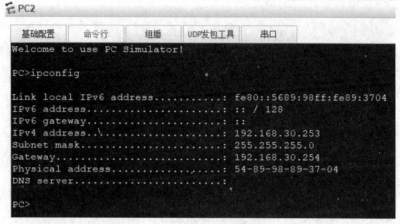

图 5.34　PC2 的 IP 地址信息

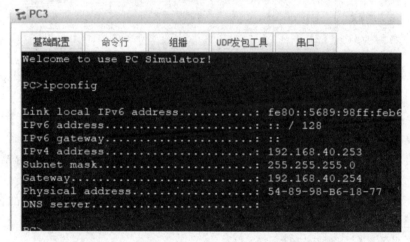

图 5.35　PC3 的 IP 地址信息

2. DHCP 服务的建立

某公司因网络规模扩大，计算机数量不断增多。在管理上，由于人事变动使得计算机随着用户岗位的变动而改变，IP 地址需要重新分配。IP 地址的手动分配不但使网络管理员的工作量增加了很多，而且工作效率明显降低。使用 DHCP 服务能够很好地解决这一问题。

公司网络拓扑结构如图 5.36 所示，DHCP 设置要求如表 5.1 所示。

表 5.1　某公司 DHCP 设置要求

名称	部门 1	部门 2
地址池	192.168.1.100～192.168.1.200	192.168.2.100～192.168.2.200
子网掩码	255.255.255.0	255.255.255.0
排除地址	192.168.1.100～192.168.1.110	192.168.2.100～192.168.2.110
网关	192.168.1.254	192.168.2.254
DNS	192.168.100.100	192.168.200.200

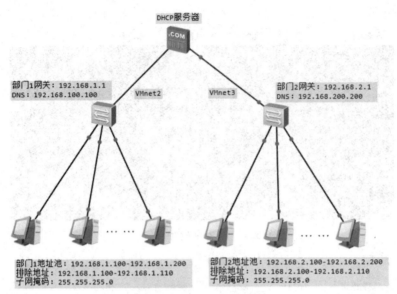

图 5.36 某公司网络拓扑结构

(1) 在 VMware 虚拟机中创建一台 Windows server 2003 服务器，将计算机名改为"server1"。创建两台 Windows XP 客户端，将计算机名改为"XP1""XP2"。

(2) 在 server1 中添加两个网络适配器，将"本地连接"放入"VMnet2"中，将"本地连接 2"放入"VMnet3"中。将"XP1"的"本地连接"放入"VMnet2"，将"XP2"的"本地连接"放入"VMnet3"。根据图 5.36 设置"Server1"的 IP 地址，两台 Windows XP 主机采用"自动获取 IP 地址"的方式。

(3) 以系统管理员身份登录 Windows Server 2003 系统。依次进入"控制面板"→"添加或删除程序"→"添加/删除 Windows 组件"，在弹出的"Windows 组件向导"对话框中选择"网络服务"，如图 5.37 所示。

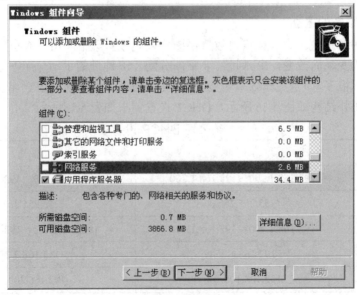

图 5.37 网络服务

(4) 点击"详细信息"按钮，可以看到该选项包括的内容"动态主机配置协议(DHCP)"，如图 5.38 所示。

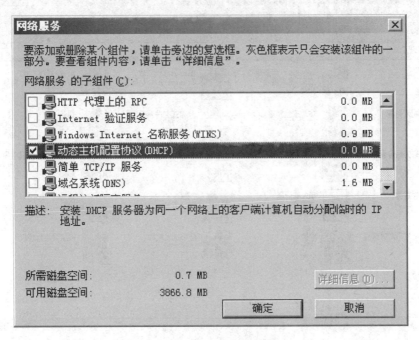

图 5.38　DHCP 服务

(5) 按向导点击"下一步"，完成 DHCP 服务的安装，如图 5.39 所示。

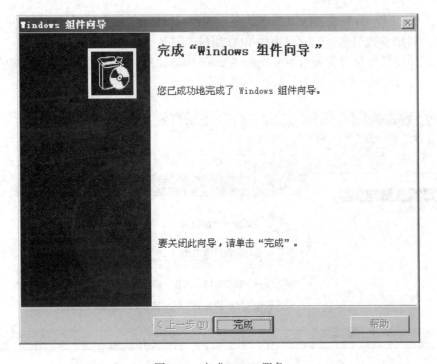

图 5.39　完成 DHCP 服务

(6) 进入"控制面板"→"管理工具",即可看到 DHCP 服务的图标,如图 5.40 所示。

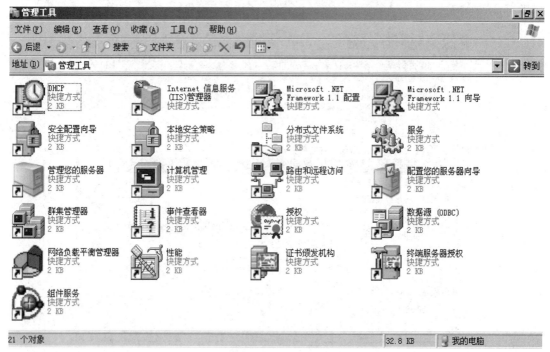

图 5.40　管理工具

3. 建立可用的 IP 作用域

作为网络工程师,完成 DHCP 服务的建立工作后,还需要根据公司网络规划拓扑图 5.36 和表 5.1 的详细参数信息,建立可用的 IP 作用域,具体方法如下所述。

(1) 以系统管理员身份登录 Windows Server 2003 系统,依次进入"控制面板"→"管理工具",打开"DHCP"服务,如图 5.41 所示。

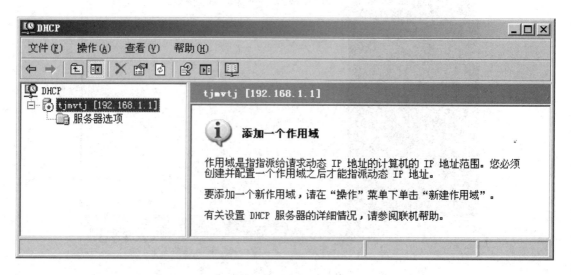

图 5.41　DHCP 服务主界面

(2) 点击"操作"→"新建作用域",如图 5.42 所示,弹出"新建作用域向导",开始配置"部门 1(bumen1)"的 DHCP 作用域。

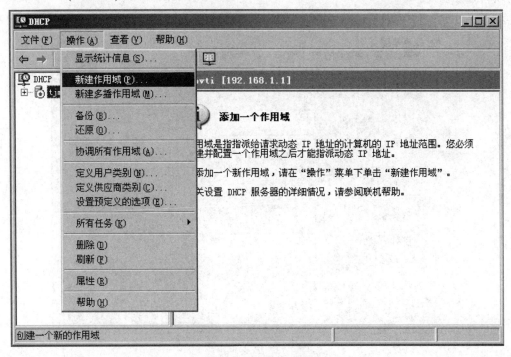

图 5.42　新建作用域

(3) 根据向导点击"下一步"设置作用域名,如图 5.43 所示。

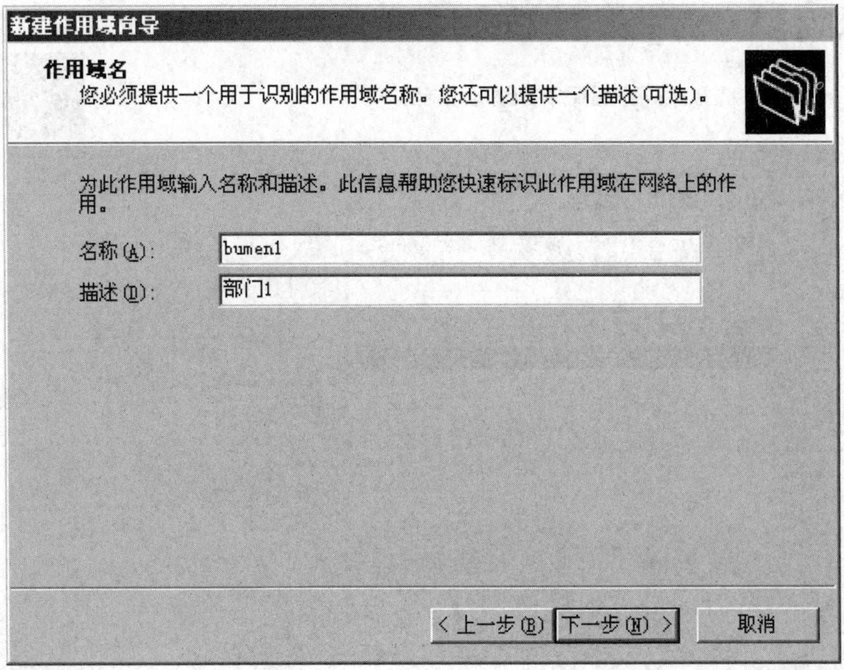

图 5.43　作用域名

(4) 点击"下一步"设置 IP 地址范围，包括起始 IP 地址、结束 IP 地址和子网掩码，如图 5.44 所示。

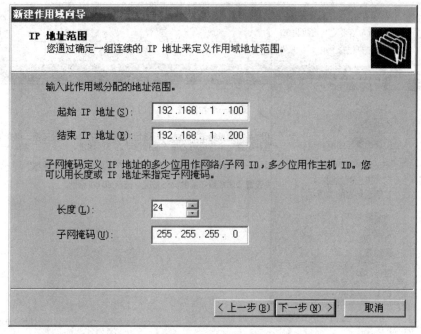

图 5.44　IP 地址范围

(5) 点击"下一步"添加排除的 IP 地址范围，输入排除范围的起始 IP 地址、结束 IP 地址，点击"添加"，将其加入"排除的地址范围"，如图 5.45 所示。

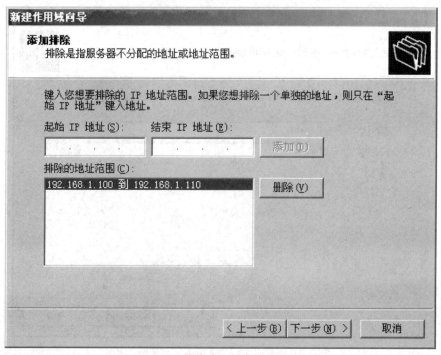

图 5.45　添加排除 IP 地址范围

(6) 点击"下一步"设置 IP 地址的租约期限，如图 5.46 所示。

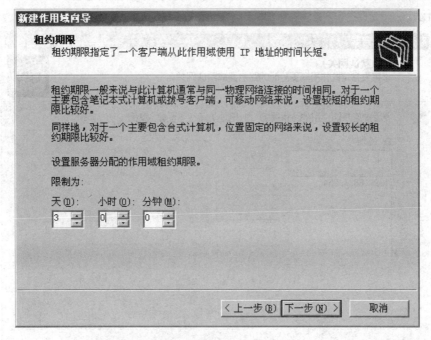

图 5.46　租约期限

(7) 点击"下一步"开始配置 DHCP 选项，选择"是，我想现在配置这些选项"，如图 5.47 所示。

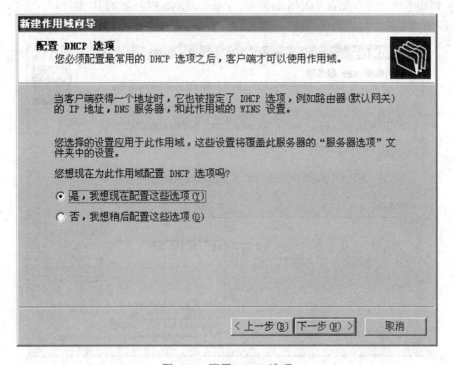

图 5.47　配置 DHCP 选项

(8) 点击"下一步"配置"默认网关"，输入默认网关的 IP 地址，点击"添加"，如图 5.48 所示。

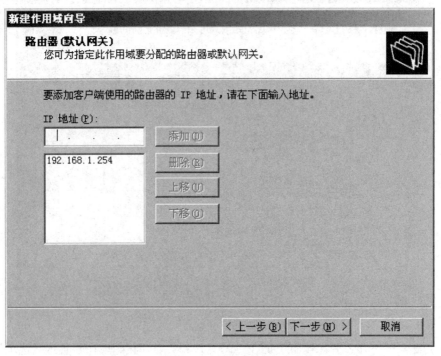

图 5.48　配置默认网关

(9) 点击"下一步"配置"DNS 服务器"，输入 DNS 服务器的 IP 地址，点击"添加"，如图 5.49 所示。

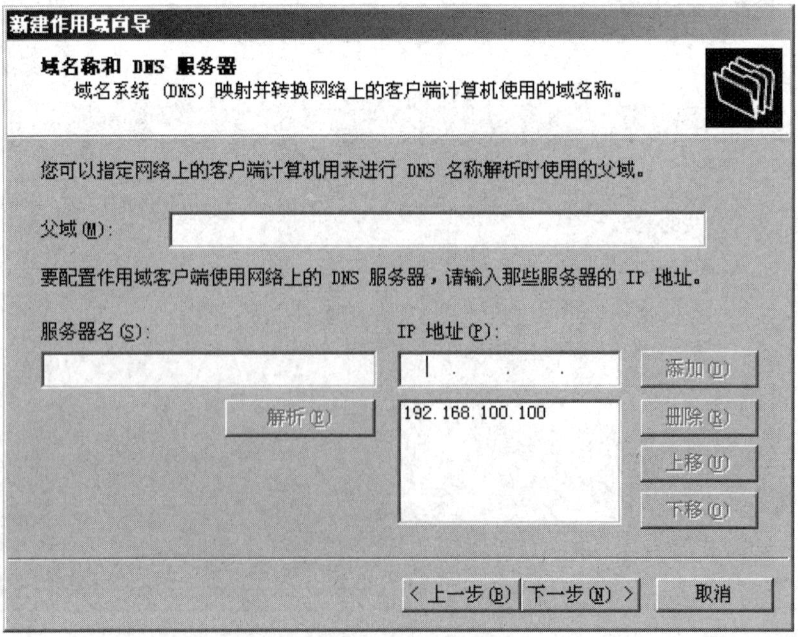

图 5.49　域名称和 DNS 服务器

(10) 依次点击"下一步"设置"激活作用域",选择"是,我想现在激活此作用域",如图 5.50 所示。

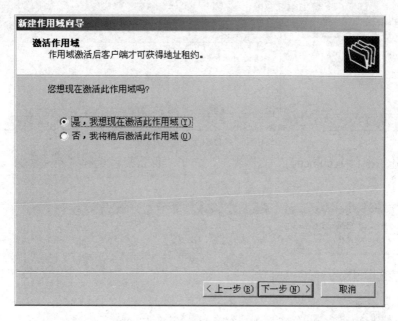

图 5.50 激活作用域

(11) 点击"下一步"完成"部门 1"DHCP 作用域的设置,如图 5.51 所示。

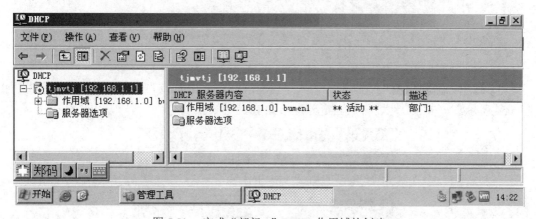

图 5.51 完成"部门 1"DHCP 作用域的创建

(12) 重复本任务中的步骤(1)~(11),创建"部门 2(bumen2)"的 DHCP 作用域,设置参数见表 5.1。

至此,可用的 IP 作用域建立完成。

4. 保留特定的 IP 地址

作为网络工程师,完成 DHCP 服务和 IP 作用域的建立工作后,还需要根据公司网络规划拓扑图 5.36 和表 5.1 的详细参数信息,保留特定的 IP 地址,具体方法如下所述。

(1) 以系统管理员身份登录 Windows Server 2003 系统,依次进入"控制面板"→"管理工具",打开"DHCP"服务,如图 5.52 所示。

图 5.52　DHCP 服务主界面

(2) 打开"部门 1(bumen1)"的作用域，右击"保留"，选择"新建保留"，如图 5.53
所示。

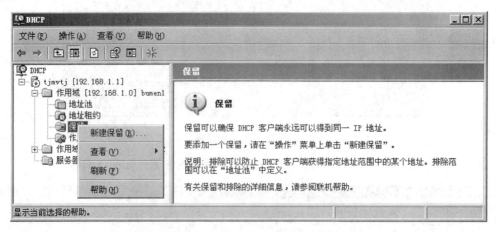

图 5.53　新建保留

(3) 弹出"新建保留"对话框，输入"保留名称""IP 地址"以及"MAC 地址"，如
图 5.54 所示，该 MAC 地址将被固定分配给此 IP 地址。

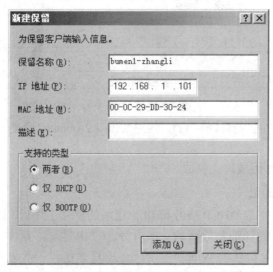

图 5.54　新建保留对话框

(4) 点击"添加"后，在该作用域内添加此条保留信息，如图 5.55 所示。

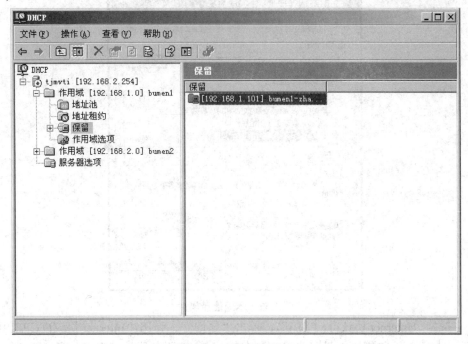

图 5.55　新添保留信息

至此，保留特定的 IP 地址的工作全部完成。

5. 在 Windows XP 系统上配置 DHCP 客户端

作为网络工程师，完成了 DHCP 服务、IP 作用域的建立工作以及保留特定的 IP 地址之后，还需要根据公司网络规划拓扑图 5.36 和表 5.1 的详细参数信息，在 Window XP 系统客户端上配置 DHCP 客户端，具体方法如下所述。

(1) 进入"XP1"客户端计算机，右击"网上邻居"→"属性"，弹出"网络连接"窗口，看到"本地连接"图标，如图 5.56 所示。

图 5.56　网络连接

(2) 右击"本地连接"图标，弹出"状态"对话框，点击"属性"，弹出"本地连接属性"对话框，如图 5.57 所示。

图 5.57   本地连接属性

(3) 选择"Internet 协议(TCP/IP)",单击"属性",弹出"Internet 协议(TCP/IP)属性"对话框,选择"自动获取 IP 地址"和"自动获取 DNS 服务器地址",如图 5.58 所示。单击"确定",完成客户机配置。采用同样的方法在"XP2"客户端上进行设置。

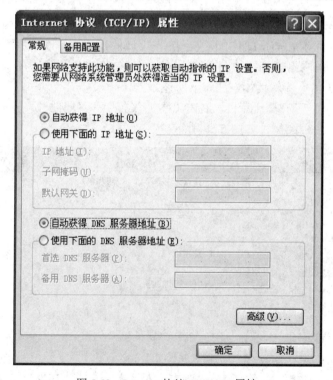

图 5.58   Internet 协议 (TCP/IP) 属性

(4) 完成客户端"XP1"的 DHCP 客户端配置之后,要对配置结果进行查看验证。首先进入"XP1"客户端计算机，右击"网上邻居"→"属性"，弹出"网络连接"窗口，看到"本地连接"图标，双击"本地连接"图标，弹出"本地连接状态"对话框，选择"支持"标签，即可查看获取到的 IP 地址信息，如图 5.59 所示。

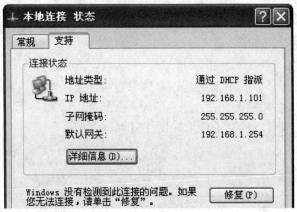

图 5.59　通过 DHCP 获取到的 IP 地址

(5) 点击"详细信息"即可查看获取到的 IP 地址信息与 MAC 地址等信息，查看是否与保留信息一致，如图 5.60 所示。

图 5.60　获取保留的 IP 地址

(6) 采用同样的方法在"XP2"客户端上可获取非保留地址中的 IP 地址。

任务三　FTP 原理与配置

【知识目标】

(1) 了解 FTP 原理。

(2) 掌握 FTP 配置方法。

【能力目标】

能够配置 FTP 服务器。

知识 学习

FTP 是用来传输文件的协议，使用它不但能实现远程文件的传输，还可以保证数据传输的可靠性和高效性。

1. FTP 的应用

在企业网络中部署一台 FTP 服务器，将网络设备配置为 FTP 客户端，则可以使用 FTP 来备份或更新 VRP 文件和配置文件；把网络设备配置为 FTP 服务器，则方便查看保存到某台主机设备上的日志文件。FTP 的应用如图 5.61 所示。

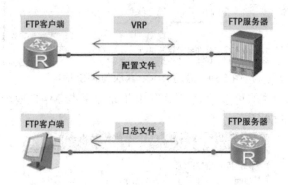

图 5.61 FTP 的应用

1) FTP 传输文件过程

使用 FTP 进行文件传输时，会使用两个 TCP 连接。

第一个连接是 FTP 客户端和 FTP 服务器间的控制连接。FTP 服务器开启 21 号端口，等待 FTP 客户端发送连接请求。FTP 客户端随机开启端口，向服务器发送建立连接的请求。控制连接用于在服务器和客户端之间传输控制命令。

第二个连接是 FTP 客户端和 FTP 服务器间的数据连接。服务器使用 TCP 的 20 号端口与客户端建立数据连接。通常情况下，服务器主动建立或中断数据连接。

FTP 传输文件过程如图 5.62 所示。

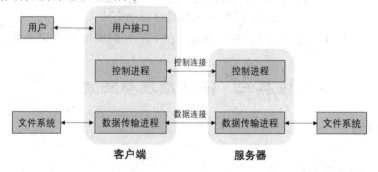

图 5.62 FTP 传输文件过程

2) FTP 传输模式

FTP 传输数据时支持两种传输模式：ASCII 模式和二进制模式。

ASCII 模式用于传输文本。发送端的字符在发送前被转换成 ASCII 码格式进行传输，接收端收到之后再将其转换成字符；二进制模式常用于发送图片文件和程序文件。发送端在发送这些文件时无须转换格式，即可传输。

2. FTP 服务器配置

ARG3 系列路由器和 X7 系列交换机均可提供 FTP 功能。执行 ftp server enable 命令使能 FTP 功能。

执行 set default ftp-directory 命令设置 FTP 用户的默认工作目录。

设置用户的缺省 FTP 工作目录为 flash:/，如图 5.63 所示。

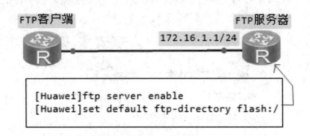

图 5.63　设置用户的缺省 FTP 工作目录为 flash:/

在配置 FTP 服务器时，可使用 AAA 为每个用户分别配置登录账号和访问权限。

aaa 命令用来进入 AAA 视图。

local-user user-name { access-limit max-number | ftp-directory directory | idle-t imeout minutes [seconds] | password cipher password [opt]| privilege level level | state {active | block } } 命令用来创建本地用户，并配置本地用户的各项参数

user-name 指定用户名。

local-user huawei service-type ftp 命令用来配置本地用户的接入类型为 ftp ftp-directory，指定 FTP 用户可访问的目录。如果不配置 FTP 用户可访问的目录，则 FTP 用户无法登录设备。

access-limit 指定用户名可建立的最大连接数目。idle-timeout 指定用户的闲置超时时间。Privilege level 指定用户的优先级。

FTP 服务器配置如图 5.64 所示。

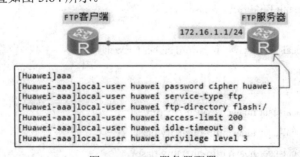

图 5.64　FTP 服务器配置

FTP 命令用来与远程 FTP 服务器建立控制连接，并进入 FTP 客户端视图。

Binary 命令用来在设备作为 FTP 客户端时设置文件传输方式为 Binary 模式，又称二进制模式。

缺省情况下，文件传输方式为 ASCII 模式。

Get 命令用来从远程 FTP 服务器下载文件并保存到本地。

1. 在华为路由器上进行 FTP 服务器的配置

配置 FTP，其中 AR1 作为客户端，AR2 作为 FTP 服务端，网络拓扑结构图如图 5.65 所示。

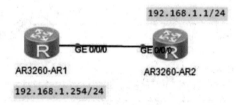

图 5.65　网络拓扑结构图

(1) AR1 相关配置，将其 IP 地址配置为 192.168.1.254。

    <Huawei>sys

    Enter system view，return user view with Ctrl+Z.

    [Huawei]int g0/0/0

    [Huawei-GigabitEthernet0/0/0]ip add 192.168.1.254 24

(2) AR2 相关配置，将其 IP 地址配置为 192.168.1.1。

    <Huawei>sys

    Enter system view，return user view with Ctrl+Z.

    [Huawei]int g0/0/0

    [Huawei-GigabitEthernet0/0/0]ip add 192.168.1.1 24

    [Huawei-GigabitEthernet0/0/0]quit

    [Huawei]ftp server enable

    [Huawei]set default ftp-directory flash：/

    [Huawei]aaa

    [Huawei-aaa]local-user huawei password cipher huawei

    Info：Add a new user.

    [Huawei-aaa]loca

    [Huawei-aaa]local-user huawei service-type ftp

    [Huawei-aaa]local-user huawei ftp-directory flash

    [Huawei-aaa]local-user huawei ftp-directory flash：

    [Huawei-aaa]local-user huawei access-limit 200

    [Huawei-aaa]local-user huawei idle-timeout 0 0

    [Huawei-aaa]local-user huawei privilege level 3

(3) 测试 AR1 登录 FTP 服务器。

<Huawei>ftp 192.168.1.1

Trying 192.168.1.1 ...

Press CTRL+K to abort

Connected to 192.168.1.1.

220 FTP service ready.

User(192.168.1.1：(none))： huawei

331 Password required for huawei.

Enter password：

230 User logged in.

[Huawei-ftp]

测试效果图如图 5.66 所示。

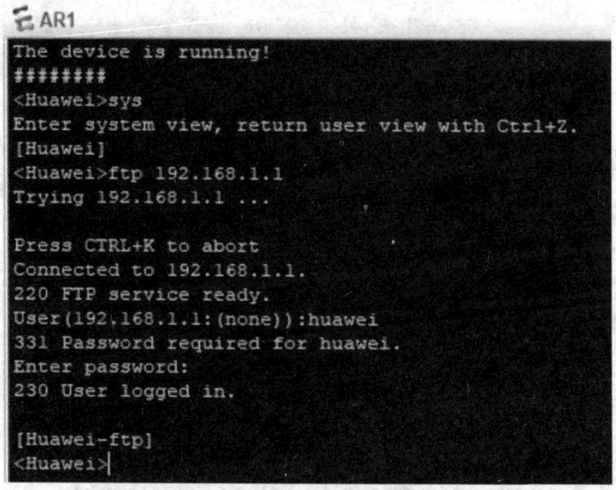

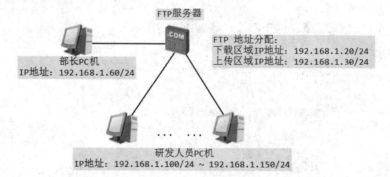

图 5.66　FTP 服务器配置效果图

2. 使用虚拟机创建 FTP 服务

某公司要求为公司研发部搭建一台 FTP 服务器，具体要求如网络拓扑图 5.67 所示。

图 5.67　公司研发部 FTP 服务器规划网络拓扑图

根据公司对研发部 FTP 服务器的规划，要完成虚拟机上创建所需 FTP 服务，有两种方法实现：创建非隔离用户的 FTP 站点，创建隔离用户的 FTP 站点。

下面分别用这两种方法来实现 FTP 服务，具体方法如下所述。

方法一：创建非隔离用户的 FTP 站点。

(1) 以系统管理员身份登录 Windows Server 2003 系统(如虚拟机 server1，内存设为 256 MB，网络适配器连接设为 VMnet2)，设置计算机名(如"tjmvti")、IP 地址。在其中的一个分区里新建两个目录，如"E:\shangchuan"和"E:\xiazai"，在 xiazai 目录中新建文件，名为"下载测试.txt"，如图 5.68 和图 5.69 所示。为本计算机添加两个 IP 地址"192.168.1.20/24" (FTP 下载地址)和"192.168.1.30/24"(FTP 上传地址)。

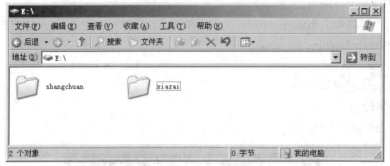

图 5.68　建立上传、下载目录文件夹

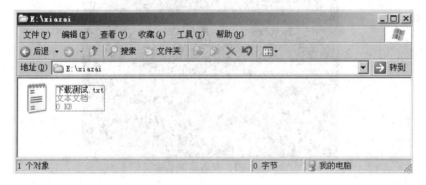

图 5.69　创建下载测试文件

(2) 打开"Internet 信息服务(IIS)管理器"窗口，右击"FTP 站点"，选择"新建"→"FTP 站点"，如图 5.70 所示。

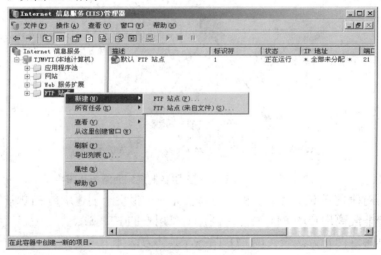

图 5.70　建立 FTP 站点

(3) 点击"下一步",在描述中输入"xiazai",如图 5.71 所示。

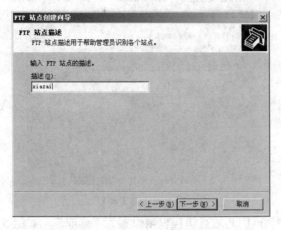

图 5.71 设置 FTP 站点描述

(4) 点击"下一步",在下拉列表中选择 FTP 站点使用的 IP 地址,如图 5.72 所示。

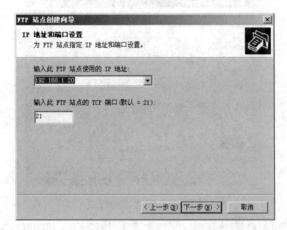

图 5.72 FTP 站点 IP 地址和端口设置

(5) 点击"下一步",在 FTP 用户隔离中选择"不隔离用户",如图 5.73 所示。

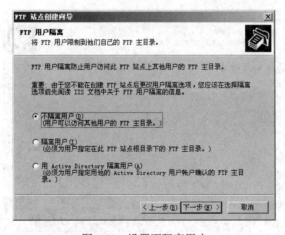

图 5.73 设置不隔离用户

(6) 点击"下一步",路径设置为"E:\xiazai",如图 5.74 所示。

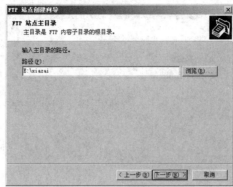

图 5.74 设置路径

(7) 点击"下一步",FTP 站点访问权限设置为"读取",如图 5.75 所示。点击"下一步",完成下载 FTP 站点的创建。

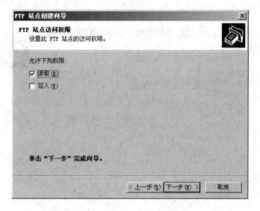

图 5.75 设置访问权限

(8) 重复步骤(1)~(5),创建上传 FTP 站点,描述为"shangchuan",IP 地址设置为"192.168.1.30",路径设置为"E:\shangchuan",FTP 站点访问权限设置为"写入",如图 5.76 所示。

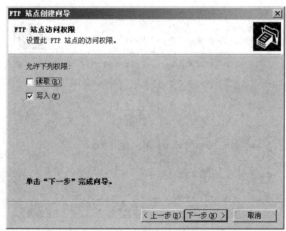

图 5.76 设置访问权限

(9) 完成两个站点的创建后，在 IIS 管理器中即可看到两个 FTP 站点，如图 5.77 所示。

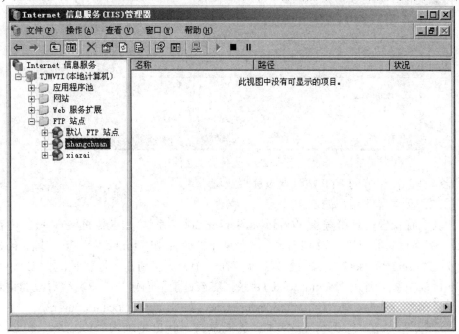

图 5.77 完成 FTP 站点的创建

(10) 打开浏览器，输入"ftp://192.168.1.20"，即可看到 FTP 站点中的文件列表，右击要下载的文件，选择"复制"，如图 5.78 所示，粘贴到自己的计算机中，即可下载该文件。

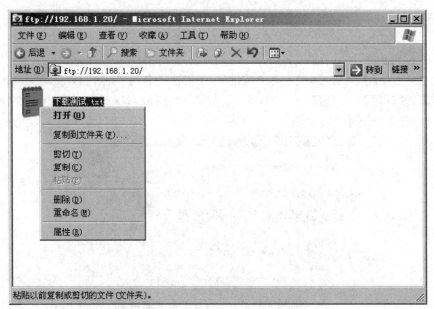

图 5.78 下载 FTP 站点中的文件

(11) 打开浏览器，输入"ftp://192.168.1.30"，即可进入到 FTP 站点中，在自己的计算机中，右击要上传的文件，选择"复制"，在 FTP 站点中右击空白处，选择"粘贴"，即可以上传该文件,如图 5.79 所示。

图 5.79 上传测试文件

至此,非隔离用户的 FTP 站点建设完成。

方法二:创建隔离用户的 FTP 站点。

(1) 以系统管理员身份登录 Windows Server 2003 系统(如虚拟机 server1,内存设为 256 MB,网络适配器连接设为 VMnet2),设置计算机名(如"tjmvti")、IP 地址。创建两个用户分别为"user1 和 user2",并设置好密码。在一个分区里新建本地目录,如"E:\myftp"。在 myftp 目录中新建名为"localuser"的目录,在该目录下创建与用户名称对应的目录以及匿名用户目录"public",如"E:\myftp\localuser\user1""E:\myftp\localuser\user2" "E:\myftp\localuser\public",如图 5.80 所示。为本计算机添加一个 IP 地址为"192.168.1.40/24"。

图 5.80 创建用户目录

(2) 在 public 目录中创建一个文件,名为"公用 ftp.txt";在 user1 目录中创建一个文件,名为"user1.txt";在 user2 目录中创建一个文件,名为"user2.txt"。

(3) 在 IIS 管理器中,新建一个 FTP 站点,描述为"myftp",IP 地址设置为"192.168.1.40",在 FTP 用户隔离中选择"隔离用户",如图 5.81 所示。

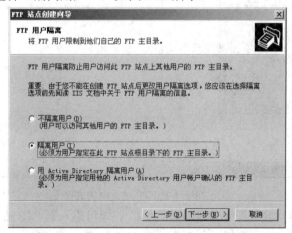

图 5.81 设置用户隔离

(4) 点击"下一步"，路径设置为"E:\myftp"，如图 5.82 所示。

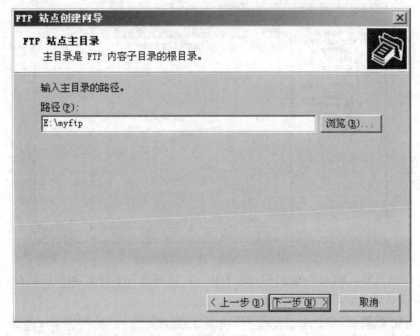

图 5.82　设置路径

(5) 点击"下一步"，FTP 站点访问权限设置为"读取"和"写入"，如图 5.83 所示。

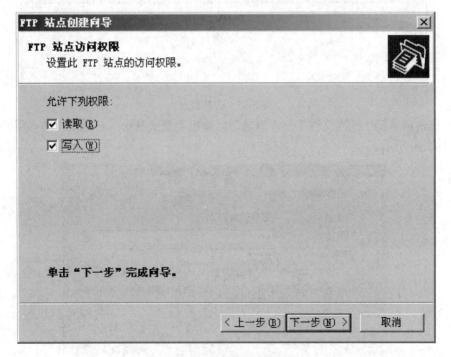

图 5.83　设置访问权限

(6) 完成 FTP 站点的创建后，在 IIS 管理器中即可看到这个 FTP 站点，如图 5.84 所示。

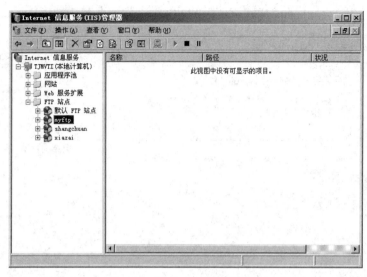

图 5.84　完成 FTP 站点的创建

(7) 打开浏览器，输入"ftp://192.168.1.40"，即可进入 FTP 站点的公共目录中，如图 5.85 所示。确认该目录可上传和下载。

图 5.85　公共目录

(8) 点击浏览器上的"文件"→"登录"，弹出"登录身份"对话框，输入用户名和密码，如图 5.86 所示。

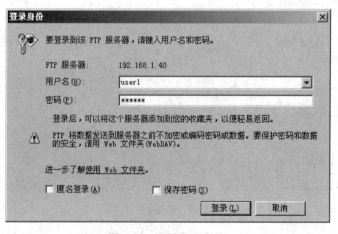

图 5.86　设置登录身份

(9) 点击"登录",即可进入到该用户的 FTP 目录下,如图 5.87 和图 5.88 所示。通过测试,确认该用户下的 FTP 站点可上传和下载。

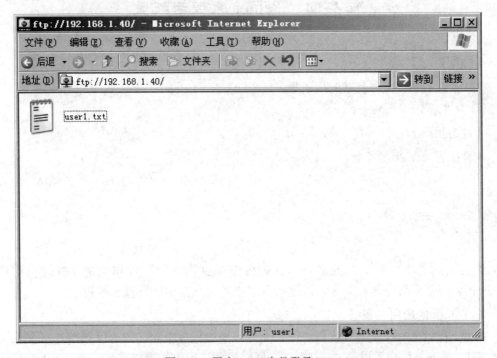

图 5.87 用户 user1 身份登录 FTP

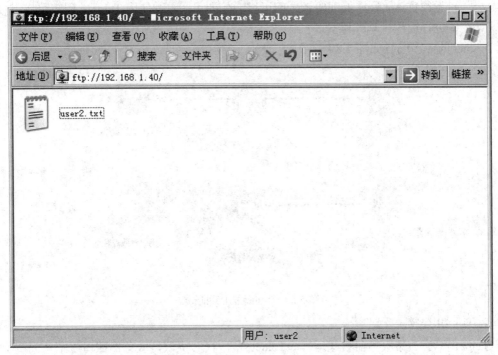

图 5.88 用户 user2 身份登录 FTP

至此,隔离用户的 FTP 站点建设完成。

任务四　Telnet 原理与配置

【知识目标】

(1) 了解 Telnet 原理及其应用场景。

(2) 掌握 Telnet 配置方法。

【能力目标】

能够配置 Telnet 服务器。

如果企业网络中有一台或多台网络设备需要进行远程配置和管理，管理员可使用 Telnet 远程连接到每一台设备上，对这些网络设备进行集中的管理和维护。

1. Telnet 的应用场景

Telnet 提供了一个交互式操作界面，允许终端远程登录到任何可以充当 Telnet 服务器的设备上。Telnet 用户可以像 Console 口一样对设备进行本地登录操作。远端 Telnet 服务器和终端之间无须直连，只需保证两者之间可以通信即可。通过使用 Telnet，用户可以方便地实现对设备进行远程管理和维护。

Telnet 的应用场景如图 5.89 所示。

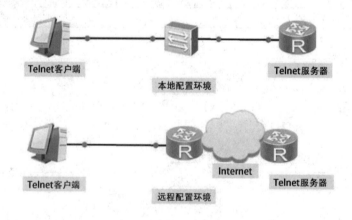

图 5.89　Telnet 的应用场景

2. Telnet 连接

Telnet 以客户端/服务器模式运行。Telnet 基于 TCP 协议，服务器端口号默认为 23，服务器通过该端口与客户端建立 Telnet 连接。

基于 TCP 协议的 Telnet 连接，如图 5.90 所示。

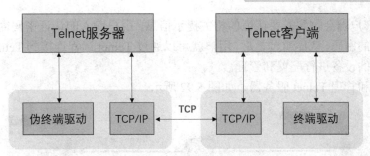

图 5.90 基于 TCP 协议的 Telnet 连接

在配置 Telnet 登录用户界面时，必须配置认证方式，否则用户无法成功登录设备。

Telnet 认证方式有两种模式：AAA 模式和密码模式(password)。

当配置用户界面的认证方式为 AAA 时，用户登录设备时需要首先输入登录用户名和密码才能登录。

当配置用户界面的认证方式为password时，用户登录设备时需要首先输入登录密码才能登录。

Telnet 认证方式的两种模式如表 5.2 所示。

表 5.2 Telnet 认证方式的两种模式

认证模式	描　述
AAA	AAA 认证
Password	登录时只通过密码实现认证

3. Telnet 配置

网络设备作为 Telnet 服务器，通常使用密码认证模式来认证连接到 VTY 接口的用户。

VTY(Virtual Type Terminal)是网络设备用来管理和监控通过 Telnet 方式登录的用户界面。网络设备为每个 Telnet 用户分配一个 VTY 界面。缺省情况下，ARG3 系列路由器支持的 Telnet 用户最大数目为 5 个，VTY 0 4 的含义是 VTY0，VTY1，VTY2，VTY3，VTY4。如果需要增加Telnet用户的登录数量，可以使用user-interface maximum-vty命令来调整VTY界面的数量。

执行 authentication-mode password 命令，可以配置 VTY 通过密码对用户进行认证，如图 5.91 所示。

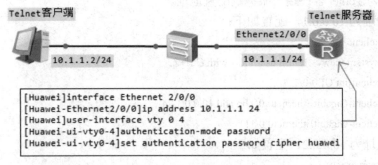

图 5.91 配置 VTY 通过密码对用户进行认证

远端设备配置为 Telnet 服务器之后，可以在客户端上执行 telnet 命令来与服务器建立

Telnet 连接。客户端会收到需要认证的相关提示信息,用户输入的认证密码需要匹配 Telnet 服务器上保存的密码。认证通过之后,用户就可以通过 Telnet 远程连接到 Telnet 服务器上,在本地对远端的设备进行配置和管理。

远程配置和管理 Telnet 服务器,如图 5.92 所示。

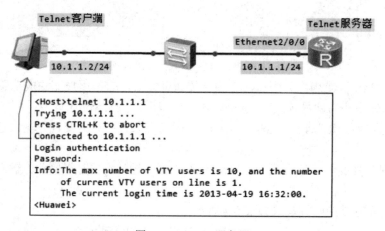

图 5.92　Telnet 服务器

公司要求进行 Telnet 配置,具体规划 Telnet 网络拓扑图如图 5.93 所示,分别使用华为路由器进行配置 Telnet 客户端和 Telnet 服务端,具体方法如下所示。

图 5.93　Telnet 服务器网络拓扑图

(1) 根据公司网络拓扑结构图搭建网络。

(2) 分别为 Telnet 客户端与服务端配置地址。

客户端地址为 10.0.0.1,配置如下:

    <telnetclient>sys

    Enter system view,　return user view with Ctrl+Z.

    [telnetclient]int GE0/0/1

    [telnetclient-GigabitEthernet0/0/1]ip add 10.0.0.1 24

    [telnetclient-GigabitEthernet0/0/1]

服务端地址为 10.0.0.2,配置如下:

    <telnetserver>sys

    Enter system view,　return user view with Ctrl+Z.

[telnetserver]int GE0/0/0

[telnetserver-GigabitEthernet0/0/0]ip add 10.0.0.2 24

[telnetserver-GigabitEthernet0/0/0]

(3) 服务端 Telnet 连接密码设置为 huawei，相关配置如下：

<telnetserver>user-in

<telnetserver>sys

Enter system view， return user view with Ctrl+Z.

[telnetserver]user-inter

[telnetserver]user-interface v

[telnetserver]user-interface vty 0 4

[telnetserver-ui-vty0-4]auth

[telnetserver-ui-vty0-4]authentication-mode pa

[telnetserver-ui-vty0-4]authentication-mode password

Please configure the login password (maximum length 16)：huawei

[telnetserver-ui-vty0-4]set authentication password cipher Huawei

(4) Telnet 服务验证

在客户端通过 Telnet 命令，连接 Telnet 服务器：

<telnetclient>telnet 10.0.0.2

Press CTRL to quit telnet mode

Trying 10.0.0.2 ...

Connected to 10.0.0.2 ...

Login authentication

Password：

<telnetserver>

至此，公司要求的 Telnet 配置全部完成。

习题 练一练

一、简答题

1. 简述 Windows Server 服务器操作系统可提供的主要服务器角色有哪些。

2. 说明 DHCP 服务器的 IP 地址租期默认是多久。

3. 简述 FTP 的基本工作原理。

4. 简述使用 FTP 进行文件传输时的两种登录方式。它们的区别是什么？

5. 如果网络设备已经配置完成了 Telnet 服务，但是用户仍然不能实现远程访问，原因有可能是什么？

二、选择题

1. HTTP 服务的默认 TCP 端口号为(　　　)。

A. 20   B. 21   C. 23   D. 80

2. FTP 服务默认的数据连接 TCP 端口号为(　　　)。

A. 80   B. 20   C. 21   D. 23

3. FTP 服务默认的控制连接 TCP 端口号为(　　　)。

A. 80   B. 20   C. 21   D. 23

4. 使用"DHCP 服务器"功能的好处是(　　　)。

A. 降低 TCP/IP 网络的配置工作量

B. 增加系统安全与依赖性

C. 对那些经常变动位置的工作站，DHCP 能迅速更新位置信息

D. 以上都是

5. 要实现动态 IP 地址分配，网络中至少要求有一台计算机的网络操作系统中安装了(　　　)。

A. DNS 服务器   B. DHCP 服务器

C. IIS 服务器   D. 主域控制器

6. DHCP 协议的功能是(　　　)。

A. 远程终端自动登录   B. 为客户机自动分配 IP 地址

C. 使用 DNS 自动登录   D. 为客户自动进行注册

提升网络效率与网络安全传输

随着网络技术的普及和网络规模的不断扩大，网络效率及其安全性显得越来越重要，用户和企业对于网络的带宽、可靠性、安全性也提出了越来越高的要求。

要提升网络效率，可以为已有网络设备更换更高速率的接口板或者直接更换具有更高速率接口板的网络设备，但是这种方案成本高且不够灵活。链路聚合技术应运而生，它可以在不进行网络设备硬件升级的情况下，通过对网络设备进行专用命令配置，将设备的多个物理接口在逻辑层面捆绑成为一个逻辑接口，从而达到增加链路带宽、提升网络效率的目的。链路聚合还具有备份链路的功能，可以有效提高网络传输的可靠性。

网络作为开放的信息系统必然存在诸多潜在的安全隐患。提高对网络安全重要性的认识，增强防范意识，强化防范措施，不仅是各个企业要重视的问题，也是保证信息产业持续稳定发展的重要保证和前提条件。

随着 Internet 用户的快速增加，IPv4 地址短缺的问题越来越突出。IETF 提出了网络地址转换(NAT)的解决方案，主要作用是将私有地址转换为公有地址，使私有网络中的主机可以通过共享少量公有地址访问 Internet。另外，使用 NAT 将服务器发布到公网供 Internet 用户访问，保证了内网的安全。

作为企业网络平台的一种有效延伸，远程访问接入技术一直在网络应用中扮演着非常重要的角色。但远程接入既需要跨越地域局限，又需要具有灵活性，VPN 正好在这方面发挥作用。

"中国产品"守护北京冬奥网络安全

2022 年 2 月 4 日，中国北京迎来了第 24 届冬季奥林匹克运动会。在当今疫情常态化的环境下，为保障涉奥人员的健康安全，中国作为本届冬奥会的承办国，出台实施了一系列疫情防控政策，有效保证了 2022 年北京冬奥会的顺利进行。其中 10 余款"中国产品"守护北京冬奥网络安全，更是交出了"零事故"的优异答卷。

在 2022 北京网络安全大会上，围绕"中国模式""中国架构""中国产品"和"中国服务"四大主题，首次揭开了北京冬奥网络安全"零事故"的神秘面纱。

"零事故"的成功来自"中国方案"的创新探索。中国方案由"中国模式""中国架构""中国服务""中国产品"组成。其中，"中国模式"拉通了网络安全保障与网络空间对抗的双体系，形成了中央网信办统一指挥协调、奇安信一家运营担责、三级网络安全态势感知联动的协调体系，得以高效、快速、最大范围调动各方资源来保障冬奥。网络安全不只是技术问题。"中国架构"通过完整的项目管理实现全局性的架构设计与建设，通过盘家底、建系统、抓运行，将内生安全框架落地，从全局视角来实现信息的深度融合与全面覆盖，真正做到"事前防控"。北京冬奥会网络安全保障部署的"中国服务"实现了全过程、全周期、全维度保障冬奥网络安全。北京冬奥会是一个庞大的安全工程体系，其中涉及的安全岗位人员不计其数，涉及使用的安全产品更是重中之重。在本届冬奥会网络安全保障过程中，10余款网络安全"中国产品"发挥了重要作用，如大禹"安全中台"首次应用于国家级态势感知指挥平台，大幅度提升了安全建设、安全管理和安全运行的效率。

北京冬奥网络安全"零事故"标志着我国的网络安全防护水平迈上了新台阶。

【素质目标】

(1) 提升网络安全意识，注重国家安全。

(2) 培养科学发展观和创新思维。

(3) 深化家国情怀，提升民族自豪感。

任务一　链路聚合

【知识目标】

(1) 了解链路聚合原理及其应用场景。

(2) 掌握链路聚合配置方法。

【能力目标】

(1) 能够配置二层链路聚合。

(2) 能够配置三层链路聚合。

1. 链路聚合原理

在企业网络中，所有设备的流量在转发到其他网络前都会汇聚到核心层，再由核心区设备转发到其他网络，或者转发到外网。因此，在核心层，设备负责数据的高速交换时容易发生拥塞。在核心层部署链路聚合，可以提升整个网络的数据吞吐量，解决拥塞问题。本例中，两台核心交换机 SW1 和 SW2 之间通过两条成员链路互相连接，通过部署链路聚合，可以确保 SW1 和 SW2 之间的链路不会产生拥塞。链路聚合一般部署在核心节点，以便提升整个网络的数据吞吐量。

企业网络拓扑结构图如图 6.1 所示。

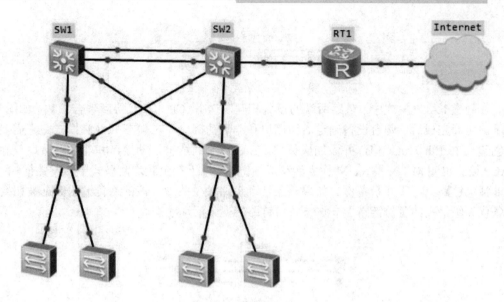

图 6.1　企业网络拓扑结构图

　　链路聚合是把两台设备之间的多条物理链路聚合在一起，当作一条逻辑链路来使用。这两台设备可以是一对路由器，一对交换机，或者是一台路由器和一台交换机。如图 6.2 所示，一条聚合链路可以包含多条成员链路，在 ARG3 系列路由器和 X7 系列交换机上默认最多为 8 条。

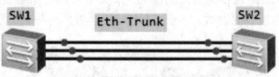

图 6.2　链路聚合

　　链路聚合能够提高链路带宽。理论上，通过聚合几条链路，一个聚合口的带宽可以扩展为所有成员口带宽的总和，这样就有效地增加了逻辑链路的带宽。

　　链路聚合为网络提供了高可靠性。配置了链路聚合之后，如果一个成员口发生故障，则该成员口的物理链路会把流量切换到另一条成员链路上。

　　链路聚合还可以在一个聚合口上实现负载均衡。一个聚合口可以把流量分散到多个不同的成员口上，通过成员链路把流量发送到同一个目的地，将网络产生拥塞的可能性降到最低。

　　链路聚合包含两种模式：手动负载均衡模式和静态 LACP（Link Aggregation Control Protocol)模式。

　　手动负载均衡模式下，Eth-Trunk 口的建立、成员口的加入由手工配置，没有链路聚合控制协议的参与，如图 6.3 所示。该模式下所有活动链路都参与数据的转发，平均分担流量，因此称为负载均衡模式。如果某条活动链路故障，则链路聚合组自动在剩余的活动链路中平均分担流量。当需要在两个直连设备间提供一个较大的链路带宽而设备又不支持 LACP 协议时，可以使用手工负载均衡模式。

图 6.3　手动负载均衡模式

　　在静态 LACP 模式中，链路两端的设备相互发送 LACP 报文，协商聚合参数，如图 6.4 所示。协商完成后，两台设备确定活动接口和非活动接口。在静态 LACP 模式中，需要手动创建一个 Eth-Trunk 口，并添加成员口。LACP 协商选举活动接口和非活动接口。静态 LACP 模式也叫 M∶N 模式。M 代表活动成员链路，用于在负载均衡模式中转发数据。N 代表非活动链路，用于冗余备份。如果一条活动链路发生故障，该链路传输的数据被切换到一条优先级最高的备份链路上，这条备份链路转变为活动状态。

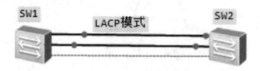

图 6.4　静态 LACP 模式

　　两种链路聚合模式的主要区别是：在静态 LACP 模式中，一些链路充当备份链路；在手动负载均衡模式中，所有的成员口都处于转发状态。

　　在一个聚合口中，链路聚合两端的物理口(即成员口)的所有参数必须一致，包括物理口的数量、传输速率、双工模式和流量控制模式。成员口可以是二层接口或三层接口。图 6.5 所示为链路聚合两端物理口的参数。

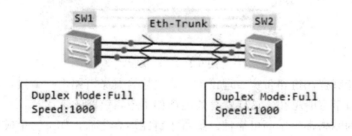

图 6.5　链路聚合两端物理口的参数

　　数据流在聚合链路上传输，数据顺序必须保持不变。一个数据流可以看作一组 MAC 地址和 IP 地址相同的帧。例如，两台设备间的 SSH 或 SFTP 连接可以看作一个数据流。如果未配置链路聚合，只是用一条物理链路来传输数据，那么一个数据流中的帧总是能按正确的顺序到达目的地。配置了链路聚合后，多条物理链路被绑定成一条链路聚合，一个数据流中的帧通过不同的物理链路传输。如果第一个帧通过一条物理链路传输，第二个帧通过另外一条物理链路传输，则同一数据流的第二个数据帧就有可能比第一个数据帧先到达对端设备，从而产生接收数据包乱序的情况。

　　为了避免这种情况的发生，Eth-Trunk 采用逐流负载分担的机制，这种机制把数据帧中的地址通过 HASH 算法生成 HASH-KEY 值，然后根据这个数值在 Eth-Trunk 转发表中寻找对应的输出接口。对于不同的 MAC 或 IP 地址，HASH 得出的 HASH-KEY 值不同，从而输出接口也就不同。这样既保证了同一数据流的帧在同一条物理链路上转发，又实现了流量在聚合组内各物理链路上的负载分担(即逐流的负载分担)。逐流负载分担能保证包的顺序，但不能保证带宽利用率。

2. 二层链路聚合配置

本例中，通过执行 interface Eth-trunk <trunk-id>命令配置链路聚合。这条命令创建了一个 Eth-Trunk 口，并能进入该 Eth-Trunk 口视图。trunk-id 用来标识唯一一个 Eth-Trunk 口，该参数的取值可以是 0～63 之间的任何一个整数。如果指定的 Eth-Trunk 口已经存在，则执行 interface eth-trunk 命令会直接进入该 Eth-Trunk 口视图。

二层链路聚合配置如图 6.6 所示。

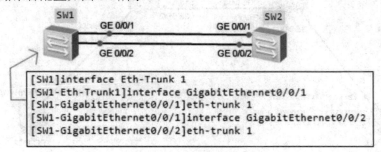

```
[SW1]interface Eth-Trunk 1
[SW1-Eth-Trunk1]interface GigabitEthernet0/0/1
[SW1-GigabitEthernet0/0/1]eth-trunk 1
[SW1-GigabitEthernet0/0/1]interface GigabitEthernet0/0/2
[SW1-GigabitEthernet0/0/2]eth-trunk 1
```

图 6.6　二层链路聚合配置

执行 display interface eth-trunk <trunk-id>命令，可以确认两台设备间是否已经成功实现链路聚合。也可以使用这条命令收集流量统计数据，定位接口故障。如果 Eth-Trunk 口处于 UP 状态，表明接口正常运行。如果接口处于 Down 状态，表明所有成员口物理层发生故障。如果管理员手动关闭端口，则接口处于 Administratively Down 状态。可以通过接口状态的改变发现接口故障，所有接口正常情况下都应处于 UP 状态。

3. 三层链路聚合配置

如果要在路由器上配置三层链路聚合，需要首先创建 Eth-Trunk 接口，然后在 Eth-Trunk 逻辑口上执行 undo portswitch 命令，把链路聚合从二层转为三层。执行 undo portswitch 命令后，可以为 Eth-Trunk 逻辑口分配一个 IP 地址。

三层链路聚合配置如图 6.7 所示。

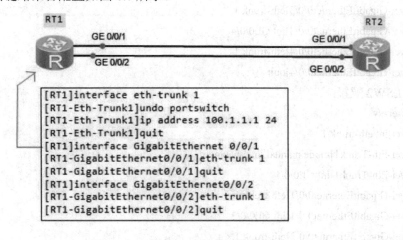

```
[RT1]interface eth-trunk 1
[RT1-Eth-Trunk1]undo portswitch
[RT1-Eth-Trunk1]ip address 100.1.1.1 24
[RT1-Eth-Trunk1]quit
[RT1]interface GigabitEthernet 0/0/1
[RT1-GigabitEthernet0/0/1]eth-trunk 1
[RT1-GigabitEthernet0/0/1]quit
[RT1]interface GigabitEthernet0/0/2
[RT1-GigabitEthernet0/0/2]eth-trunk 1
[RT1-GigabitEthernet0/0/2]quit
```

图 6.7　三层链路聚合配置

实践 做一做

　　假设你是公司的网络管理员。现在公司购买了两台华为的 S5700 系列交换机,为了提高交换机之间的链路带宽以及可靠性,你需要在交换机上配置链路聚合功能。公司网络拓扑结构图如图 6.8 所示。

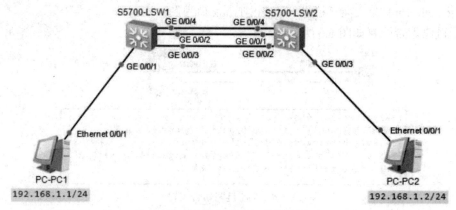

图 6.8　公司网络拓扑结构图

(1) 根据公司网络拓扑结构图搭建网络。

(2) 为 PC1 与 PC2 配置 IP 地址,分别为 192.168.1.1、192.168.1.2。

(3) 进行 LSW1 配置:

```
<Huawei>sys
[Huawei]int eth-trunk 1
[Huawei-Eth-Trunk1]mode manual load-balance
[Huawei-Eth-Trunk1]int GE0/0/2
[Huawei-GigabitEthernet0/0/2]eth-trunk 1
[Huawei-GigabitEthernet0/0/2]int GE0/0/3
[Huawei-GigabitEthernet0/0/3]eth-trunk 1
[Huawei-GigabitEthernet0/0/3]int GE0/0/4
[Huawei-GigabitEthernet0/0/4]eth-trunk 1
[Huawei-GigabitEthernet0/0/4]quit
```

(4) 进行 LSW2 配置:

```
<Huawei>sys
[Huawei]int eth-trunk 1
[Huawei-Eth-Trunk1]mode manual load-balance
[Huawei-Eth-Trunk1]int GE0/0/1
[Huawei-GigabitEthernet0/0/1]eth-trunk 1
[Huawei-GigabitEthernet0/0/1]int GE0/0/2
[Huawei-GigabitEthernet0/0/2]eth-trunk 1
[Huawei-GigabitEthernet0/0/2]int GE0/0/4
```

[Huawei-GigabitEthernet0/0/4]eth-trunk 1

[Huawei-GigabitEthernet0/0/4]quit

(5) 对结果进行测试，查看聚合链路状态，如图 6.9 所示。

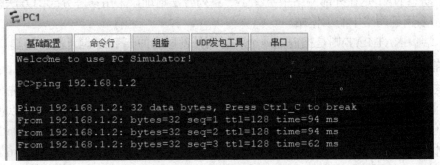

图 6.9 测试并查看聚合链路状态

PC1 ping PC2 的结果如图 6.10 所示。

图 6.10 PC1 ping PC2 的结果

任务二 NAT 技术的应用

【知识目标】

(1) 掌握 NAT 的相关概念。

(2) 掌握 NAT 的三种类型及其差异。

【能力目标】

(1) 能够进行静态 NAT 的配置。

(2) 能够进行动态 NAT 的配置。

(3) 能够进行端口 NAT 的配置。

知识学习

1. NAT 技术概述

网络地址转换(Network Address Translation，NAT)属于接入广域网(WAN)技术，是一种

将私有(保留)地址转化为合法 IP 地址的转换技术，它被广泛应用于各种类型的 Internet 接入方式和网络中。原因很简单，NAT 不仅完美地解决了 IP 地址不足的问题，还能够有效地避免来自网络外部的攻击，隐藏并保护网络内部的计算机。

在 NAT 技术中，将某一组织机构自行分配的和必须进行转换的那些网络地址(即私有地址)、不可被公网路由器路由的地址称作 inside；将某一组织机构之外的网络地址、互联网上的合法地址(即公有地址)称作 outside。

2. NAT 的分类及差异

NAT 技术包括静态 NAT(staticNAT)、动态 NAT(pooledNAT)和端口 NAT(PAT)三种类型。这三种类型的区别如下：

(1) 静态 NAT 设置起来最为简单，内部网络中的每个主机都被永久映射成外部网络中的某个合法地址，多用于服务器。

(2) 动态 NAT 是在外部网络中定义了一系列合法地址，采用动态分配的方法映射到内部网络，多用于网络中的工作站。

(3) 端口 NAT(PAT)则是把内部地址映射到外部网络的一个 IP 地址的不同端口上。

3. 静态 NAT 原理

静态 NAT 实现了私有地址和公有地址的一对一映射。如果希望一台主机优先使用某个关联地址，或者想要外部网络使用一个指定的公网地址访问内部服务器，则可以使用静态NAT。但是在大型网络中，这种一对一的 IP 地址映射无法缓解公用地址短缺的问题。

在本例中，源地址为 192.168.1.1 的报文需要发往公网地址 100.1.1.1，如图 6.11 所示。在网关 RT1 上配置了一个私网地址 192.168.1.1 到公网地址 200.10.10.1 的映射。当网关收到主机 A 发送的数据包后，会先将报文中的源地址 192.168.1.1 转换为 200.10.10.1，然后转发报文到目的设备。目的设备回复的报文目的地址是 200.10.10.1。当网关收到回复报文后，也会执行静态地址转换，将 200.10.10.1 转换成 192.168.1.1，然后转发报文到主机 A。和主机 A 在同一个网络中的其他主机(如主机 B)访问公网的过程中也需要网关 RT1 作静态 NAT转换。

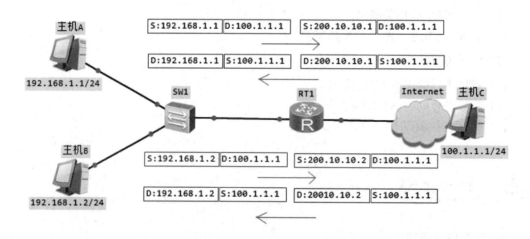

图 6.11　静态 NAT 原理

4. 动态 NAT 原理

动态 NAT 通过使用地址池来实现。在本例中，当内部主机 A 和主机 B 需要与公网中的目的主机通信时，网关 RT1 会从配置的公网地址池中选择一个未使用的公网地址与之做映射。每台主机都会分配到地址池中的一个唯一地址。当不需要此连接时，对应的地址映射将会被删除，公网地址也会被恢复到地址池中待用。当网关收到回复报文后，会根据之前的映射再次进行转换之后转发给对应主机，配置如图 6.12 所示。

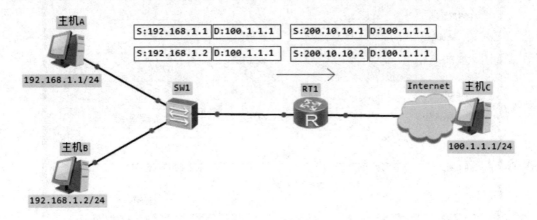

图 6.12　动态 NAT 配置

动态 NAT 地址池中的地址用尽以后，只能等待被占用的公用 IP 被释放后，其他主机才能使用它来访问公网。

5. 静态 NAT 的配置

某公司总部有 2 台服务器，一台为 FTP Server，另一台为 HTTP Server，将 2 台服务器使用 NAT 技术映射到 Internet 上，子公司将办公局域网通过 NAT 技术连接到 Internet 上，就能够访问总公司的 FTP 服务器和 HTTP 服务器。公司 NAT 规划网络拓扑结构图如图 6.13 所示。

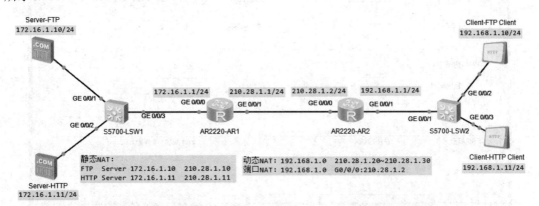

图 6.13　公司 NAT 规划网络拓扑结构图

下面我们逐步讲解如何针对左边 2 台服务器(即一台 FTP Server、一台 HTTP Server)进行静态 NAT 映射配置。

(1) 依照图 6.13，使用 eNSP 软件进行网络拓扑图的绘制。

(2) 设置 FTP 服务器和 HTTP 服务器的 IP 地址及默认网关，如图 6.14 和图 6.15 所示。

图 6.14　FTP 服务器基础配置

图 6.15　HTTP 服务器基础配置

(3) 配置 FTP 服务器的 FTP 服务。创建一个本地文件夹"Server Files"作为服务器的文件夹，并在该文件夹下创建测试文件 test.txt 和 hello.html。创建后选取此文件夹为"服务器信息"标签中"FtpServer"的文件根目录，最后点击"启动"图标，如图 6.16 所示。

图 6.16　FTP 服务器信息配置

(4) 配置 HTTP 服务器的 HTTP 服务。选取"Server Files"文件夹为"服务器信息"标签中"HttpServer"的文件根目录，最后点击"启动"图标，如图 6.17 所示。

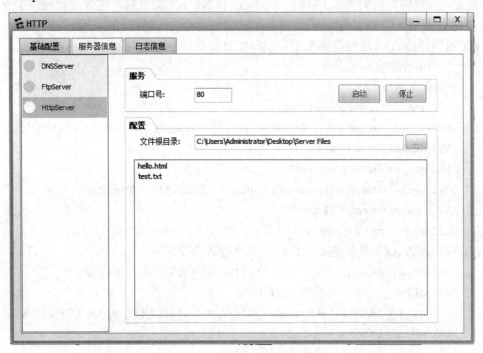

图 6.17　HTTP 服务器信息配置

(5) 对路由器 AR1 进行基本配置，具体配置命令如下：

```
<Huawei>system-view

[Huawei]sysname AR1

[AR1]interface GigabitEthernet0/0/0

[AR1-GigabitEthernet0/0/0]ip address 172.16.1.1 255.255.255.0    //配置 GE0/0/0 的 IP 地址

[AR1-GigabitEthernet0/0/0]quit

[AR1]interface GigabitEthernet0/0/1

[AR1-GigabitEthernet0/0/1]ip address 210.28.1.1 255.255.255.0    //配置 GE0/0/1 的 IP 地址

[AR1-GigabitEthernet0/0/1]quit

[AR1]ip route-static 0.0.0.0 0 210.28.1.2    //配置网关路由器的缺省路由
```

(6) 在路由器 AR1 中配置静态 NAT，具体配置命令如下：

```
[AR1]interface GigabitEthernet0/0/1

[AR1-GigabitEthernet0/0/1]nat static global 210.28.1.10 inside 172.16.1.10

 //设置 FTP 服务器的静态 NAT

[AR1-GigabitEthernet0/0/1]nat static global 210.28.1.11 inside 172.16.1.11

//设置 DNS 服务器的静态 NAT

[AR1-GigabitEthernet0/0/1]quit
```

(7) 保存配置完成的公司网络拓扑，文件名为静态 NAT 配置.topo。

至此，图 6.13 所示的公司网络拓扑图中的静态 NAT 配置完成。

6. 动态 NAT 的配置

某公司网络拓扑图如图 6.13 所示，在完成静态 NAT 配置后，需要公司网络工程师进行动态 NAT 配置，具体步骤如下：

(1) 对路由器 AR2 进行基本配置，具体配置命令如下：

```
<Huawei>system-view

[Huawei]sysname AR2

[AR2]interface GigabitEthernet0/0/0

[AR2-GigabitEthernet0/0/0]ip address 210.28.1.2 255.255.255.0    //配置 GE0/0/0 的 IP 地址

[AR2-GigabitEthernet0/0/0]quit

[AR2]interface GigabitEthernet0/0/1

[AR2-GigabitEthernet0/0/1]ip address 192.168.1.1 255.255.255.0   //配置 GE0/0/1 的 IP 地址

[AR2-GigabitEthernet0/0/1]quit

[AR2]ip route-static 0.0.0.0 0 210.28.1.1    //配置网关路由器的缺省路由
```

(2) 在路由器 AR2 中配置动态 NAT，具体配置命令如下：

```
[AR2]nat address-group 1 210.28.1.20 210.28.1.30    // 设置动态 NAT 地址池

[AR2]acl 2000    //创建一个规则 acl 2000

[AR2-acl-basic-2000]rule 5 permit source 192.168.1.0 0.0.0.255//过滤 192.168.1.0 网段流量

[AR2-acl-basic-2000]quit

[AR2]interface GigabitEthernet0/0/0

[AR2-GigabitEthernet0/0/0]nat outbound 2000 address-group 1 no-pat

//使用规则 2000 匹配动态 NAT 地址池
```

(3) 设置分公司 FTP 客户端和 HTTP 客户端的 IP 地址及默认网关，如图 6.18 和图 6.19 所示。

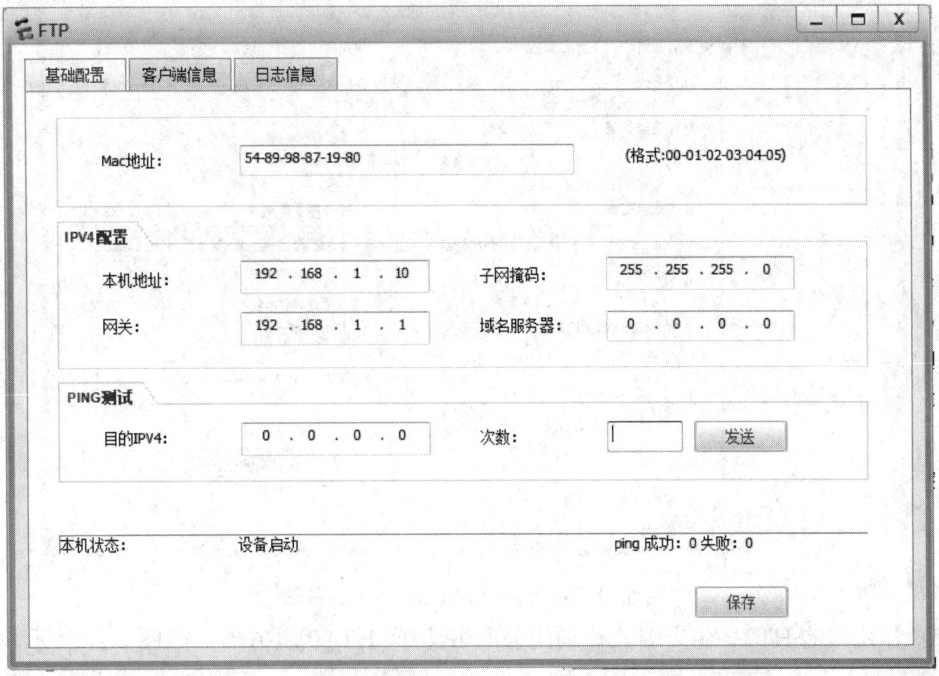

图 6.18　FTP 客户端基础配置

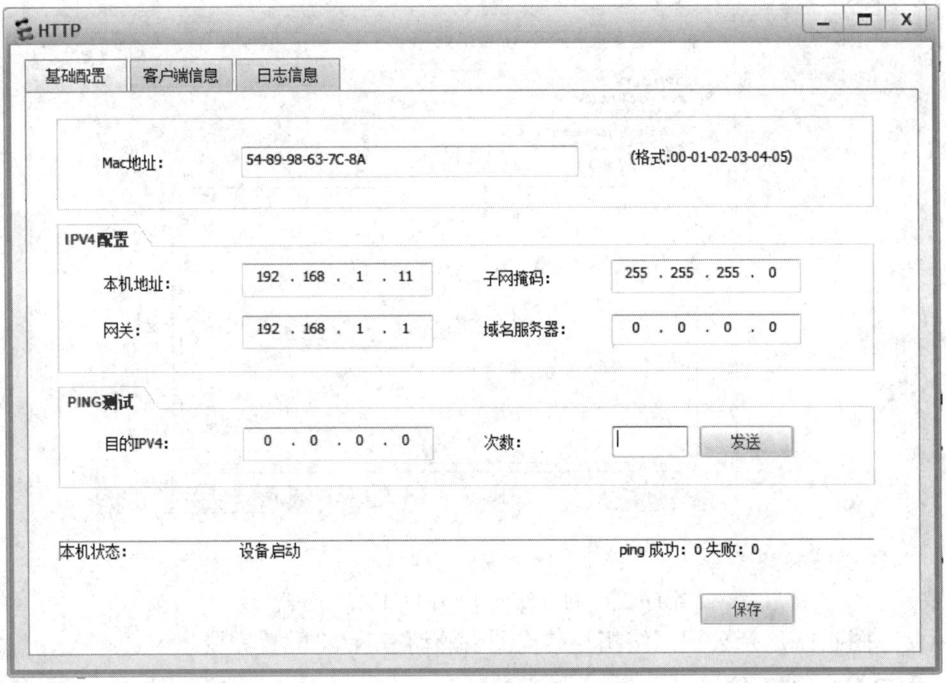

图 6.19　HTTP 客户端基础配置

(4) 分公司的 FTP 客户端能够利用公网 IP 访问 FTP 服务器，如图 6.20 所示。

图 6.20　利用公网 IP 访问 FTP 服务器

(5) 分公司的 HTTP 客户端能够利用公网 IP 访问 HTTP 服务器，如图 6.21 所示。

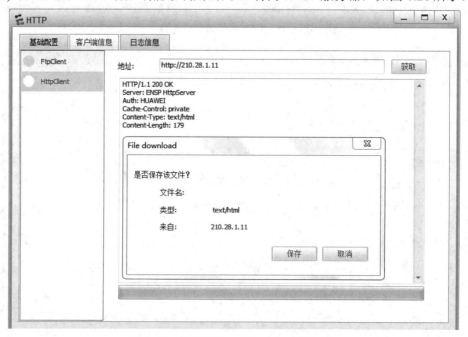

图 6.21　利用公网 IP 访问 HTTP 服务器

至此，图 6.13 所示公司网络拓扑结构图中的动态 NAT 配置完成。

7. 端口 NAT 的配置

如图 6.13 所示，在公司网络中心做网络 NAT 规划时，针对服务器要求进行静态 NAT 配置时，对局域网客户端提出的两种配置方案：一种为动态 NAT 配置，我们在之前的部分已经对其配置方法进行了详细讲解；另一种为端口 NAT 配置，即可以针对路由器 AR2 的 GE0/0/0 端口进行端口 NAT 配置的方法，具体步骤如下所述。

(1) 对路由器 AR2 进行基本配置，配置命令如下：

```
<Huawei>system-view
[Huawei]sysname AR2
[AR2]interface GigabitEthernet0/0/0
[AR2-GigabitEthernet0/0/0]ip address 210.28.1.2 255.255.255.0   //配置 GE0/0/0 的 IP 地址
[AR2-GigabitEthernet0/0/0]quit
[AR2]interface GigabitEthernet0/0/1
[AR2-GigabitEthernet0/0/1]ip address 192.168.1.1 255.255.255.0  //配置 GE0/0/1 的 IP 地址
[AR2-GigabitEthernet0/0/1]quit
[AR2]ip route-static 0.0.0.0 0 210.28.1.1   //配置网关路由器的缺省路由
```

(2) 在路由器 AR2 中配置端口 NAT，配置命令如下：

```
[AR2]acl 2000   //创建一个规则 acl 2000
[AR2-acl-basic-2000]rule 5 permit source 192.168.1.0 0.0.0.255//过滤 192.168.1.0 网段流量
[AR2-acl-basic-2000]quit
[AR2]interface GigabitEthernet0/0/0
[AR2-GigabitEthernet0/0/0]nat outbound 2000   //使用规则 2000
```

(3) 设置分公司 FTP 客户端和 HTTP 客户端的 IP 地址及默认网关，如图 6.22 和图 6.23 所示。

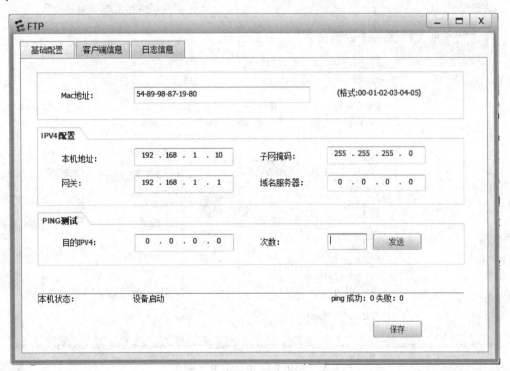

图 6.22　FTP 客户端基础配置

图 6.23　HTTP 客户端基础配置

(4) 分公司的 FTP 客户端能够利用公网 IP 来访问 FTP 服务器，如图 6.24 所示。

图 6.24　利用公网 IP 访问 FTP 服务器

(5) 分公司的 HTTP 客户端能够利用公网 IP 来访问 HTTP 服务器，如图 6.25 所示。

图 6.25　利用公网 IP 访问 HTTP 服务器

至此，图 6.13 所示公司网络拓扑结构图中的端口 NAT 配置完成。

实践 做一做

网络拓扑结构图如图 6.26 所示，PC1、PC2、PC3 是三台在私网内的主机，需要配置 NAT 让私网内的主机能够访问公网的设备。

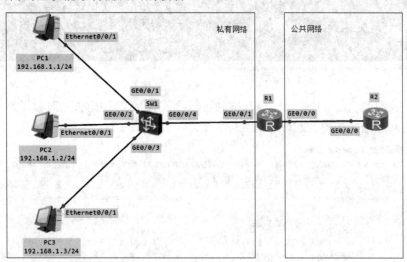

图 6.26　网络拓扑结构图

具体 NAT 配置步骤如下：

(1) 按照图 6.26 网络拓扑结构图搭建网络。

(2) 按照如表 6.1 中所示地址表，完成基本的 IP 地址配置。

表 6.1 设备地址表

设备	接口	IP 地址	子网掩码	默认网关
R1 (AR2220)	GE0/0/0	12.0.0.1	255.255.255.0	/
	GE0/0/1	192.168.1.254	255.255.255.0	/
R2 (AR2220)	GE0/0/0	12.0.0.2	255.255.255.0	/
PC1	Ethernet0/0/1	192.168.1.1	255.255.255.0	192.168.1.254
PC2	Ethernet0/0/1	192.168.1.2	255.255.255.0	192.168.1.254
PC3	Ethernet0/0/1	192.168.1.3	255.255.255.0	192.168.1.254

(3) 静态 NAT 配置：

[R1]interface GigabitEthernet 0/0/1

[R1-GigabitEthernet0/0/1]nat static enable //启动静态 NAT

[R1-GigabitEthernet0/0/1]nat static golbal 192.168.1.1 inside 10.0.0.10 //公网地址和私网地址的映射

完成配置后，查看配置结果。使用 PC1 去访问 R2(12.0.0.2)，可以看到 PC1 和 R2 能够正常访问，结果如图 6.27 所示。

图 6.27 静态 NAT 配置结果

同时，我们可以在 R1 和 R2 之间进行抓包，可以看到数据出去的时候源地址被替换成了指定的公网地址，如图 6.28 所示。

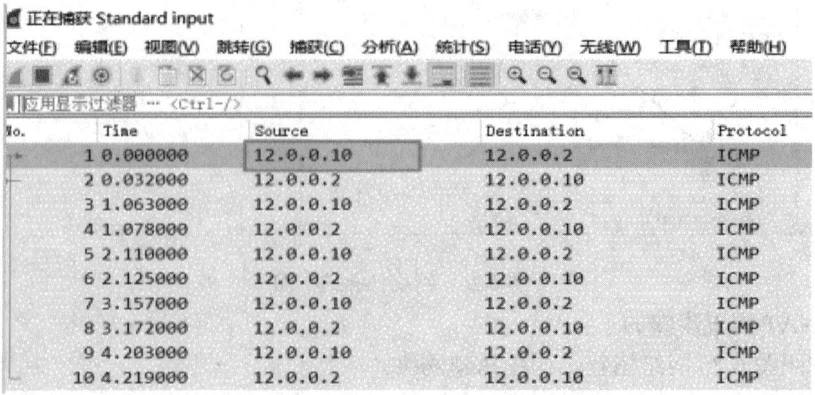

图 6.28 数据抓包结果

(4) 动态 NAT 配置：

[R1]acl 2000   //创建一条 ACL

[R1-acl-basic-2000]rule 5 permit   //允许所有路由通过

[R1]nat address-group 1 12.0.0.10 12.0.0.12   //配置动态地址池

[R1]interface GigabitEthernet0/0/1

[R1-GigabitEthernet0/0/1]nat outbound 2000 address-group 1 no-pat

// 在接口下绑定 ACL 和 NAT 地址池(动态 NAT)

完成配置后，查看配置结果。使用 PC1 去访问 R2(12.0.0.2)，可以看到 PC1 和 R2 能够正常访问，并且通过了 3 个报文，通过抓包看现象，结果如图 6.29 所示。

图 6.29　动态 NAT 配置结果

我们可以看到这次只有 3 个报文能够通信，因为我们配置地址池的时候只配置了 3 个地址，当地址被用尽后，后面的报文就无法通信了，抓包能发现对应的现象，结果如图 6.30所示。

No.	Time	Source	Destination	Protocol
1	0.000000	12.0.0.10	12.0.0.2	ICMP
2	0.015000	12.0.0.2	12.0.0.10	ICMP
3	1.031000	12.0.0.11	12.0.0.2	ICMP
4	1.031000	12.0.0.2	12.0.0.11	ICMP
5	2.078000	12.0.0.12	12.0.0.2	ICMP
6	2.078000	12.0.0.2	12.0.0.12	ICMP

图 6.30　数据抓包结果

(5) NAPT 配置。NAPT 的配置和动态 NAT 基本相同，配置 NAPT 的时候，只需要配置 nat outbound 2000 address-group 1 这条命令就可以了，不带 no-pat 就行了，其他配置一样。

[R1]acl 2000   //创建一条 ACL

[R1-acl-basic-2000]rule 5 permit   //允许所有路由通过

[R1]nat address-group 1 12.0.0.10 12.0.0.12   //配置动态地址池

[R1]interface GigabitEthernet0/0/1

[R1-GigabitEthernet0/0/1]nat outbound 2000 address-group 1

//在接口下绑定 ACL 和 NAT 地址池(NAPT)

完成配置后，查看配置结果。使用 PC1 去访问 R2(12.0.0.2)，可以看到 PC1 和 R2 能够正常访问，通过抓包看现象，结果如图 6.31 所示。

图 6.31　NAPT 配置结果

在图 6.32 所示的数据抓包结果中，我们可以看到这次所有的报文都能够通信，而且使用的同一个地址，但是不同的端口号。

No.	Time	Source	Destination	Protocol
1	0.000000	12.0.0.12	12.0.0.2	ICMP
2	0.000000	12.0.0.2	12.0.0.12	ICMP
3	1.031000	12.0.0.12	12.0.0.2	ICMP
4	1.046000	12.0.0.2	12.0.0.12	ICMP
5	2.078000	12.0.0.12	12.0.0.2	ICMP
6	2.093000	12.0.0.2	12.0.0.12	ICMP
7	3.125000	12.0.0.12	12.0.0.2	ICMP
8	3.140000	12.0.0.2	12.0.0.12	ICMP
9	4.156000	12.0.0.12	12.0.0.2	ICMP
10	4.171000	12.0.0.2	12.0.0.12	ICMP

图 6.32　数据抓包结果

(6) Easy IP 实验配置。Easy IP 就是使用和公网相连的接口 IP 地址作为转换的公网地址，最大限度地节约公网 IP 地址。

[R1]acl 2000   //创建一条 ACL

[R1-acl-basic-2000]rule 5 permit   //允许所有路由通过

[R1]interface GigabitEthernet0/0/1

[R1-GigabitEthernet0/0/1]nat outbound 2000   //只绑定 ACL(Easy IP)

完成配置后，查看配置结果。使用 PC1 去访问 R2(12.0.0.2)，可以看到 PC1 和 R2 能够正常访问，通过抓包看现象，结果如图 6.33 所示。

图 6.33　Easy IP 配置结果

在图 6.34 所示的数据抓包结果中，可以看到转换的公网地址就是 R1 GE0/0/0 的接口地址。

正在捕获 Standard input

文件(F)　编辑(E)　视图(V)　跳转(G)　捕获(C)　分析(A)　统计(S)　电话(Y)　无线(W)　工具(T)　帮助(H)

应用显示过滤器 ··· <Ctrl-/>

No.	Time	Source	Destination	Protocol
1	0.000000	12.0.0.1	12.0.0.2	ICMP
2	0.016000	12.0.0.2	12.0.0.1	ICMP
3	1.031000	12.0.0.1	12.0.0.2	ICMP
4	1.047000	12.0.0.2	12.0.0.1	ICMP
5	2.078000	12.0.0.1	12.0.0.2	ICMP
6	2.078000	12.0.0.2	12.0.0.1	ICMP
7	3.109000	12.0.0.1	12.0.0.2	ICMP
8	3.125000	12.0.0.2	12.0.0.1	ICMP
9	4.156000	12.0.0.1	12.0.0.2	ICMP
10	4.156000	12.0.0.2	12.0.0.1	ICMP

图 6.34　数据抓包结果

任务三　VPN 技术的应用

【知识目标】

(1) 了解 VPN 技术的基本概念。

(2) 了解 VPN 的优势和类型。

(3) 了解 VPN 的相关技术。

【能力目标】

(1) 能够分析 VPN 的功能。

(2) 能够搭建 IPSec VPN。

1. VPN 技术概述

虚拟私有网络 VPN(Visual Private Network)，属于远程访问技术，简单地说就是在公用通信链路上架设私有网络。

例如，企业员工到外地出差，他想访问企业内网服务器中的资源，怎样才能让身处外地的员工访问到企业内网资源呢？

在传统的企业网络配置中，要进行异地局域网之间的互联，方法是租用 DDN(数字数据网)专线或帧中继，这样的通信方案必然导致高昂的网络通信和维护费用。对于移动用户或远程用户而言，一般通过拨号线路(Internet)进入企业的局域网，但这样必然会带来安全上的隐患。

我们可以在企业网络的边缘架设一台 VPN 服务器。外地员工在当地连上互联网后，通过互联网找到该企业搭建的 VPN 服务器，利用 VPN 服务器作为跳板进入企业内网。为了保证资料安全，VPN 服务器和客户机之间的通信数据都进行了加密处理。有了数据加密，就可以认为数据是在一条专用的数据链路上进行安全传输，就如同架设了一个专用网络一样。但实际上 VPN 使用的是互联网上的公用链路，因此只能称为虚拟专用网，即 VPN 实质上就是利用加密技术在公网上封装出一个数据通信隧道。有了 VPN 技术，用户无论是在外地出差还是在家办公，只要能上互联网就能利用 VPN 非常方便地访问内网资源，这就是为什么 VPN 在企业中应用得如此广泛。

2. VPN 的优势及相关技术

虚拟专用网 VPN 具有可降低成本、连接方便灵活、传输数据安全可靠等优势。VPN 相关主要技术包括隧道技术、加解密技术、密钥管理技术、身份认证技术和路由管理技术。

实现 VPN，最关键的部分是在公网上建立虚拟信道。建立虚拟信道是利用隧道技术实现的，IP 隧道的建立可以在数据链路层和网络层。隧道是利用一种协议传输另一种协议的技术，即用隧道协议来实现 VPN 功能。为创建隧道，隧道的客户机和服务器必须使用同样的隧道协议。主要的隧道协议包括 PPTP 协议、L2TP 协议和 IPSec 协议。

PPTP 协议是一种用于让远程用户拨号连接到本地的 ISP，通过因特网安全的远程访问公司资源的技术。

L2TP 协议是 PPTP 与 L2F(第二层转发)的一种综合运用，它是由思科公司所推出的一种技术。

IPSec 协议是一个标准的第三层安全协议，它是在隧道外面再封装，保证了在传输过程中的安全性。

加解密技术是数据通信中较为成熟的技术，VPN 可直接利用现有技术实现加解密。

密钥管理技术的主要任务是如何在公用数据网上安全地传递密钥而不被窃取。

对于身份认证技术，最常用的是使用者名称与密码或卡片式认证等方式。

VPN 数据和路由的管理可以通过叠加模式和对等模式来实现。隧道技术是最常见的叠加模式，为 VPN 提供站点间连接。站点间点到点的连接可以通过 IPSec、GRE 或帧中继、ATM 电路等来实现。

3. VPN 的功能

虚拟专用网 VPN 可以帮助远程用户、公司分支机构、商业伙伴及供货商等同公司的内部网建立可信的安全连接，并保证数据的安全传输。通过将数据流转移到低成本的网络上，企业的虚拟专用网解决方案将大幅度地减少用户花费在城域网和远程网络连接上的费用。同时，这将简化网络的设计和管理，加速连接新的用户和网站。另外，虚拟专用网还可以保护现有的网络投资。

当我们居家办公或出差时，我们可以在电脑上通过 VPN 安全地连接到公司内部网络，从而访问到公司内部的资源。公司可以买商用的 VPN 设备，在防火墙上配置 VPN 服务，搭建开源的 VPN 服务器等，采用不同方式设置 VPN 服务，客户端就要根据 VPN 服务端的配置要求进行相应的设置，有些需要特定的 VPN 客户端才能连接到公司的 VPN 服务器上。

4. IPSec VPN 的配置

企业对网络安全的需求日益提升，但传统的 TCP/IP 协议缺乏有效的安全认证和保密机制。IPSec(Internet Protocol Security)作为一种开放标准的安全框架结构，可以用来保证 IP 数据报文在网络上传输的机密性、完整性和防重放。网络拓扑结构图如图 6.35 所示，IPSec VPN 连接是通过配置静态路由建立的，下一跳指向 RTB。需要配置两个方向的静态路由确保双向通信可达。建立一条高级 ACL，用于确定哪些数据流需要通过 IPSec VPN 隧道。高级 ACL 能够依据特定参数过滤流量，继而对流量执行丢弃、通过或保护操作。

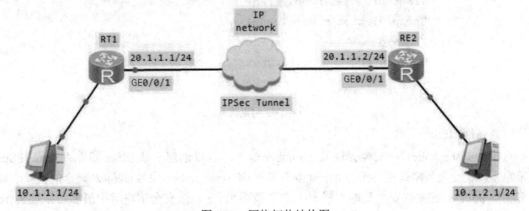

图 6.35　网络拓扑结构图

1) 创建 IPSec 提议

执行 ipsec proposal 命令，可以创建 IPSec 提议并进入 IPSec 提议视图。配置 IPSec 策略时，必须引用 IPSec 提议来指定 IPSec 隧道两端使用的安全协议、加密算法、认证算法和封装模式。缺省情况下，使用 ipsec proposal 命令创建的 IPSec 提议采用 ESP 协议、MD5 认证算法和隧道封装模式。在 IPSec 提议视图下执行如图 6.36 中的命令可以修改这些参数。

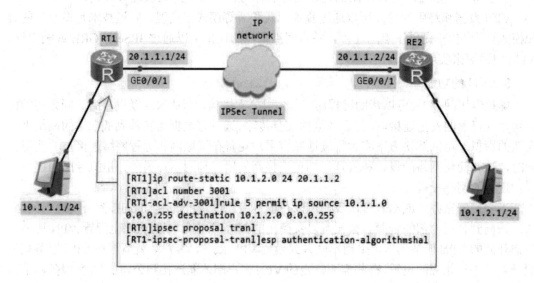

图 6.36   IPSec 提议视图

2) 配置验证

执行 display ipsec proposal [name <proposal-name>]命令，可以查看 IPSec 提议中配置的
参数，如图 6.37 所示。

```
[RTA]display ipsec proposal
Number of proposals: 1
IPSec proposal name: tran1
Encapsulation mode: Tunnel
Transform       : esp-new
ESP protocol    : Authentication SHA1-HMAC-96
                  Encryption     DES
```

图 6.37   配置验证

3) 创建 IPSec 策略

执行 ipsec policy policy-name seq-number 命令，可以创建一条 IPSec 策略并进入 IPSec
策略视图。安全策略是由 policy-name(策略名称)和 seq-number(序号)共同来确定的，多个具
有相同 policy-name 的安全策略组成一个安全策略组。在一个安全策略组中最多可以设置 16
条安全策略，而 seq-number 越小的安全策略，优先级越高。在一个接口上应用了一个安全
策略组，实际上是同时应用了安全策略组中所有的安全策略，这样能够对不同的数据流采
用不同的安全策略进行保护。

IPSec 策略除了指定策略的名称和序号外，还需要指定 SA 的建立方式。如果使用的是
IKE 协商，需要执行 ipsec-policy-template 命令配置指定参数。如果使用的是手工建立方式，
所有参数都需要手工配置。本示例采用的是手工建立方式，如图 6.38 所示。

```
[RTA]ipsec  policy P1 10 manual
[RTA-ipsec-policy-manual-P1-10]security acl 3001
[RTA-ipsec-policy-manual-P1-10]proposal tran1
[RTA-ipsec-policy-manual-P1-10]tunnel remote 20.1.1.2
[RTA-ipsec-policy-manual-P1-10]tunnel local 20.1.1.1
[RTA-ipsec-policy-manual-P1-10]sa spi outbound esp 54321
[RTA-ipsec-policy-manual-P1-10]sa spi inbound esp 12345
[RTA-ipsec-policy-manual-P1-10]sa string-key outbound esp simple
huawei
[RTA-ipsec-policy-manual-P1-10]sa string-key inbound esp simple huawei
```

图 6.38　配置验证

security acl acl-number 命令用来指定 IPSec 策略所引用的访问控制列表。

proposal proposal-name 命令用来指定 IPSec 策略所引用的提议。

tunnel local { ip-address | binding-interface }命令用来配置安全隧道的本端地址。

tunnel remote ip-address 命令用来设置安全隧道的对端地址。

sa spi { inbound | outbound } { ah | esp } spi-number 命令用来设置安全联盟的安全参数索引 SPI。在配置安全联盟时，入方向和出方向安全联盟的安全参数索引都必须设置，并且本端的入方向安全联盟的 SPI 值必须和对端的出方向安全联盟的 SPI 值相同，而本端的出方向安全联盟的 SPI 值必须和对端的入方向安全联盟的 SPI 值相同。

4) 指定安全策略组

执行 ipsec policy policy-name 命令，可以在接口上应用指定的安全策略组。手工方式配置的安全策略只能应用到一个接口，如图 6.39 所示。

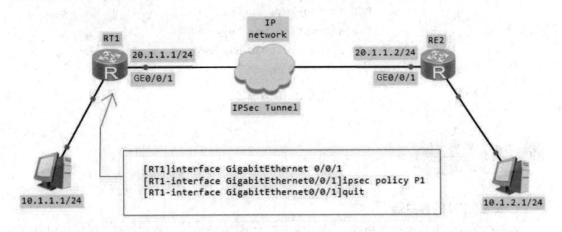

图 6.39　IPSec 提议视图

5) 配置验证

执行 display ipsec policy [brief | name policy-name [seq-number]]命令，可以查看指定 IPSec 策略或所有 IPSec 策略。命令的显示信息中包括策略名称、策略序号、提议名称、ACL、隧道的本端地址和隧道的远端地址等，如图 6.40 所示。

```
[RTA]display ipsec policy
==========================================
IPSec policy group: "P1"
Using interface: GigabitEthernet 0/0/1
==========================================
    Sequence number: 10
    Security data flow: 3001
    Tunnel local  address: 20.1.1.1
    Tunnel remote address: 20.1.1.2
    Qos pre-classify: Disable
    Proposal name:tran1
...
```

图 6.40　配置验证

执行 display ipsec policy 命令，还可以查看出方向和入方向 SA 相关的参数，如图 6.41 所示。

```
......
Inbound ESP setting:
    ESP SPI: 12345 (0x3039)
    ESP string-key: huawei
    ESP encryption hex key:
    ESP authentication hex key:
 Outbound ESP setting:
    ESP SPI: 54321 (0xd431)
    ESP string-key: huawei
    ESP encryption hex key:
    ESP authentication hex key:
......
```

图 6.41　配置验证

1. 安装 VPN 的客户端

SecoClient(华为防火墙客户端)，是一款用于 VPN 远程接入的终端软件，可以使用 Web 的方式为广大的企业用户提供专属的内网连接。通过客户端 SecoClient 用户可以轻松地设置 L2TP、VPN 和 L2TP 等网络，也可以使用它进行连接，并且较为方便，尤其适合需要通过 SecoClient 客户端建立连接的移动终端接入用户。具体的 VPN 客户端 SecoClient 的安装步骤如下所示。

(1) 双击 VPN 客户端 SecoClient 的安装包，弹出安装界面，如图 6.42 所示。

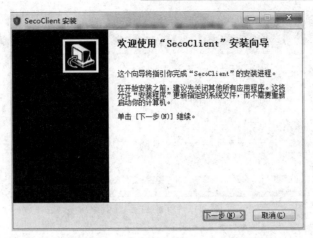

图 6.42　VPN 客户端 SecoClient 安装向导

(2) 单击下一步，接受许可协议，如图 6.43 所示。

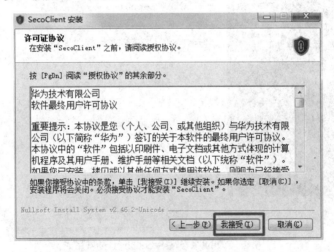

图 6.43　接受 VPN 客户端 SecoClient 许可协议

(3) 接受许可证协议后客户端开始安装，如图 6.44 所示。

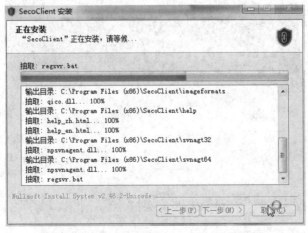

图 6.44　VPN 客户端 SecoClient 进行安装

(4) 安装过程中弹出如下窗口，单击安装，如图 6.45 所示。

图 6.45　安装网络适配器

(5) 等待 VPN 客户端安装完成，如图 6.46 所示。

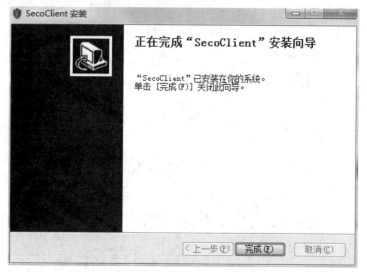

图 6.46　VPN 客户端 SecoClient 安装完成

(6) 打开 VPN 客户端，填入正确参数进行连接，如图 6.47 所示。

图 6.47　打开 VPN 客户端 SecoClient

2. IPSec VPN 配置实践 1

某公司搭建 IPSec VPN 服务，使分公司员工可以安全访问总公司的内部网络，IPSec VPN 服务网络拓扑图如图 6.48 所示。现要求网络工程师依据图 6.48 所示，进行搭建 IPSec VPN 服务，具体步骤如下：

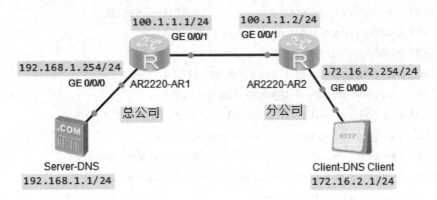

图 6.48　某公司 IPSec VPN 服务网络拓扑图

(1) 使用 eNSP 软件依照图 6.48 进行拓扑图搭建。

(2) 对路由器 AR1 进行基本配置，具体配置命令如下：

<Huawei>system-view

[Huawei]sysname AR1　　　　　　//路由器命名为"AR1"

[AR1]interface GigabitEthernet0/0/0

[AR1-GigabitEthernet0/0/0]ip address 192.168.1.254 255.255.255.0　//配置 GE0/0/0 端口的 IP 地址

[AR1-GigabitEthernet0/0/0]quit

[AR1]interface GigabitEthernet0/0/1

[AR1-GigabitEthernet0/0/1]ip address 100.1.1.1 255.255.255.0　　//配置 GE0/0/1 端口的 IP 地址

[AR1-GigabitEthernet0/0/1]quit

[AR1]ip route-static 0.0.0.0 0.0.0.0 100.1.1.2　//配置静态路由

(3) 对路由器 AR2 进行基本配置，具体配置命令如下：

<Huawei>system-view

[Huawei]sysname AR2　　　　　　//路由器命名为"AR2"

[AR2]interface GigabitEthernet0/0/0

[AR2-GigabitEthernet0/0/0]ip address 172.16.2.254 255.255.255.0　//配置 GE0/0/0 端口的 IP 地址

[AR2-GigabitEthernet0/0/0]quit

[AR2]interface GigabitEthernet0/0/1

[AR2-GigabitEthernet0/0/1]ip address 100.1.1.2 255.255.255.0　　//配置 GE0/0/1 端口的 IP 地址

[AR2-GigabitEthernet0/0/1]quit

[AR2]ip route-static 0.0.0.0 0.0.0.0 100.1.1.1　　//配置静态路由

(4) 根据拓扑图对路由器 AR1 进行 VPN 配置，具体配置命令如下：

[AR1]acl 3001　　　　　　　　　//配置 ACL 识别兴趣流

[AR1-acl-adv-3001]rule 5 permit ip source 192.168.1.0 0.0.0.255 destination 172.16.2.0 0.0.0.255

[AR1-acl-adv-3001]quit

[AR1]ipsec proposal tran1   //创建 IPSec VPN 提议

[AR1-ipsec-proposal-tran1]esp authentication-algorithm md5//配置 ESP 协议使用 MD5 认证

[AR1-ipsec-proposal-tran1]esp encryption-algorithm 3des   //配置 ESP 协议使用 3des 加密

[AR1]ipsec policy P1 10 manual   //创建 IPSec VPN 策略

[AR1-ipsec-policy-manual-P1-10]security acl 3001

[AR1-ipsec-policy-manual-P1-10]proposal tran1

[AR1-ipsec-policy-manual-P1-10]tunnel remote 100.1.1.2

[AR1-ipsec-policy-manual-P1-10]tunnel local 100.1.1.1

[AR1-ipsec-policy-manual-P1-10]sa spi outbound esp 54321

[AR1-ipsec-policy-manual-P1-10]sa spi inbound esp 12345

[AR1-ipsec-policy-manual-P1-10]sa string-key outbound esp simple huawei

[AR1-ipsec-policy-manual-P1-10]sa string-key inbound esp simple huawei

[AR1-ipsec-policy-manual-P1-10]quit

[AR1]interface GigabitEthernet0/0/1

[AR1-GigabitEthernet0/0/1]ipsec policy P1   // 在接口下应用 IPSec VPN 策略

(5) 根据拓扑图对路由器 AR2 进行 VPN 配置，具体配置命令如下：

[AR2]acl 3001   //配置 ACL 识别兴趣流

[AR2-acl-adv-3001]rule 5 permit ip source 172.16.2.0 0.0.0.255 destination 192.168.1.0 0.0.0.255

[AR2-acl-adv-3001]quit

[AR2]ipsec proposal tran1   //创建 IPSec VPN 提议

[AR2-ipsec-proposal-tran1]esp authentication-algorithm md5//配置 ESP 协议使用 MD5 认证

[AR2-ipsec-proposal-tran1]esp encryption-algorithm 3des   //配置 ESP 协议使用 3des 加密

[AR2]ipsec policy P1 10 manual   //创建 IPSec VPN 策略

[AR2-ipsec-policy-manual-P1-10]security acl 3001

[AR2-ipsec-policy-manual-P1-10]proposal tran1

[AR2-ipsec-policy-manual-P1-10]tunnel remote 100.1.1.1

[AR2-ipsec-policy-manual-P1-10]tunnel local 100.1.1.2

[AR2-ipsec-policy-manual-P1-10]sa spi outbound esp 12345

[AR2-ipsec-policy-manual-P1-10]sa spi inbound esp 54321

[AR2-ipsec-policy-manual-P1-10]sa string-key outbound esp simple huawei

[AR2-ipsec-policy-manual-P1-10]sa string-key inbound esp simple huawei

[AR2-ipsec-policy-manual-P1-10]quit

[AR2]interface GigabitEthernet0/0/1

[AR2-GigabitEthernet0/0/1]ipsec policy P1   // 在接口下应用 IPSec VPN 策略

(6) 为 DNS 服务器配置好相应的 IP 地址和默认网关如图 6.49 所示。为 DNS 服务器配置好相应的服务器信息，其中"DNSServer"标签中增加主机域名"www.tjmvti.cn"，对应 IP 地址为"192.168.1.1"，如图 6.50 所示。"HttpServer"标签中选择一个自行设置的文件夹作为其文件根目录，如图 6.51 所示。最后启动 DNS 服务和 Http 服务。

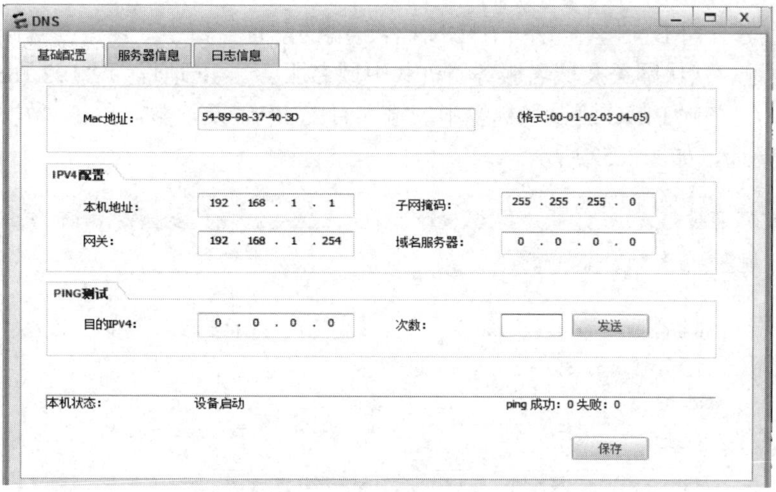

图 6.49 DNS 服务器基础配置

图 6.50 DNS 服务器信息配置

图 6.51 Http 服务器信息配置

(7) 配置分公司 DNS 客户端，在 DNS 客户端的配置窗口中，单击"基础配置"标签，配置其 IP 地址、默认网关及域名服务器，其中域名服务器 IP 地址为"192.168.1.1"，单击"保存"图标。在"PING 测试"标签中，输入目的 IPV4 及次数，单击"发送"图标，验证网络是否畅通，如图 6.52 所示。

图 6.52　分公司 DNS 客户端基础配置及网络通信验证

(8) 配置分公司 DNS 客户端信息来访问总公司的内部服务器，在"客户端信息"标签中的"HttpClient"服务地址栏内输入网址"www.tjmvti.cn"，单击"获取"按钮，访问总公司服务器成功，如图 6.53 所示。

图 6.53　访问总公司内部服务器

3. IPSec VPN 配置实践 2

某公司需要搭建 IPSec VPN 服务，具体 IPSec VPN 服务网络拓扑图如图 6.54 所示，其中网络设备包括 3 台路由器、1 台 DNS 服务器和 1 台 DNS 客户端。

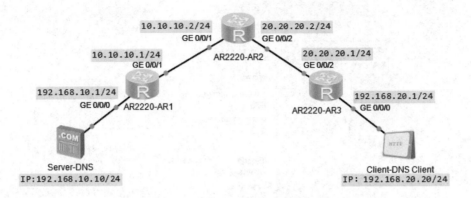

图 6.54　公司 IPSec VPN 服务网络拓扑图

公司要求在路由器 AR1、AR2、AR3 上设置静态路由，在路由器 AR1 和路由器 AR3 上设置 IPSec VPN，并且路由器 AR3 下的终端设备能够通过 IPSec VPN 安全访问 DNS 服务器。各网络设备中的具体参数请参考图 6.54 所示。请你作为一名网络工程师，为此公司进行 IPSec VPN 服务搭建。

4. 在 Win10 系统下设置 VPN

利用 Win10 系统自定义的 VPN 功能能否连接到公司 VPN 服务器上，前提条件是公司配置的 VPN 服务器是采用点对点隧道协议(PPTP)、使用证书的 L2TP/IPsec、使用预共享密钥的 L2TP/IPsec、安全套接字隧道协议(SSTP)和互联网密钥交换协议(IKEv2)这几种类型的 VPN，同时不限制采用指定的客户端进行连接。在 Win10 系统下设置 VPN 的具体步骤如下所述。

(1) 打开 Win10 系统电脑的"Windows 设置"页面，选择"网络和 Internet"选项进行配置，如图 6.55 所示。

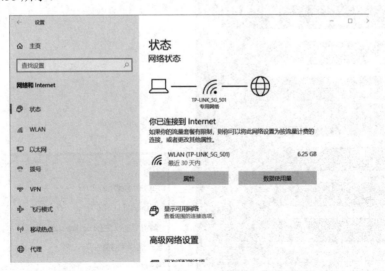

图 6.55　Win10 系统电脑"网络和 Internet"选项

(2) 在"网络和 Internet"配置页面中，选择"VPN"选项进行配置，首先点击"添加

VPN 连接"选项，如图 6.56 所示。

图 6.56 "VPN"选项

(3) 填写期望添加的 VPN 的相关参数，参数填写页面如图 6.57 所示。

在 VPN 参数设置页面中，包含了 VPN 提供商、连接名称、服务器名称或地址、VPN 类型、登录信息的类型、用户名(可选)和密码(可选)。

VPN 提供商选择"Windows(内置)"；连接名称可以依据用户的需要自定义 VPN 连接名称；服务器名称或地址需要填写连接的 VPN 服务器的 IP 或域名；VPN 类型包含了自动、点对点隧道协议(PPTP)、使用证书的 L2TP/IPsec、使用预共享密钥的 L2TP/IPsec、安全套接字隧道协议(SSTP)和 IKEv2，如图 6.58 所示。如果选择自动选项，则系统会自动匹配所连接到的 VPN 的类型，也可以依据实际需求选择其他 VPN 类型。

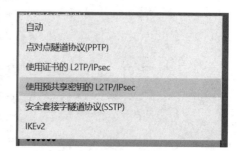

图 6.57 设置 VPN 参数页面 　　　　图 6.58 选择 VPN 类型页面

登录信息的类型包括用户名和密码、智能卡、一次性密码和证书，如图 6.59 所示，需要根据连接 VPN 服务器设定的登录认证方式进行选择，"用户名和密码"和"证书"这两种方式用得较多。如果使用"用户名和密码"选项，则在"用户名"(可选)和密码(可选)填写框内填写即可。

将所有的 VPN 参数填写完成之后，点击保存按钮即可。至此，Win10 系统下的 VPN 选项设置完成，如图 6.60 所示。当需要使用 VPN 连接时，点击"连接"按钮即可。

图 6.59 选择登录信息的类型页面   图 6.60 设备 VPN 完成

习题 练一练

一、简答题

1. 链路聚合的作用是什么？
2. NAT 技术的实现方式有几种？
3. 简述设置静态 NAT 的过程。
4. VPN 技术的类型包括哪些？
5. 简述 Easy VPN 的设置过程。

二、选择题

1. 将局域网内部计算机转换为 Internet 出口 IP 地址来访问外网的 NAT 形式为(　　)。

A. 动态 NAT   B. 端口 NAT   C. 静态 NAT   D. 以上都不是

2. WEB 服务器发布到公共网络上时，需要使用哪种 NAT 方式(　　)。

A. 动态 NAT   B. PAT   C. 静态 NAT   D. 以上都不是

3. 下面不是常见 VPN 特殊协议的是(　　)。

A. PPTP   B. L2TP   C. IPSec   D. UDP

4. 在 Packet Tracer 软件中，不是 VPN 加密方式的是(　　)。

A. DES   B. 3DES   C. MD5   D. AES

搭建无线局域网

随着无线技术的发展，笔记本电脑、平板电脑和手机等终端设备不断增多，人们已不满足于仅仅坐在电脑桌前上网，越来越希望能够用更舒适、更便捷的方式来访问网络，自由地工作、学习和娱乐。

通过组建无线局域网，即可解决上述问题。无线局域网(WLAN)可以弥补有线局域网的不足，以达到网络延伸的目的，人们可在一定范围内自由移动，随时接入网络。随着无线网络的日益成熟，作为有线网络的延伸，WLAN 可以广泛应用在生活社区、游乐园、机场、车站、酒店等区域，实现旅游、休闲、上网，也可以应用在政府办公大楼、校园、企事业单位等，实现移动办公、会议、教学，还可以应用在医疗、金融证券等方面，实现实时监控、网上交易等。

大国小城——特色小镇的互联网化转型与全球化表达

乌镇再造，古镇新生。互联网化已经成为中国特色小镇建设中必不可少的思维方式。作为国家 5A 级景区，乌镇拥有颇为丰富的资源优势。2014 年 11 月 19 日，以"互联互通，共享共治"为主题的首届世界互联网大会在乌镇开幕，这个千年古镇与现代化的互联网技术邂逅，并成为世界互联网大会的永久会址。

乌镇西栅景区在筹建之初就颇有远见地预埋了光缆，现在西栅的网络密度高居全国前列。虽然是古镇，但是在乌镇，Wi-Fi 实现了全覆盖，网上可以下单定景区门票、订酒店、订餐，超市、店铺、民宿等可以使用手机"支付宝钱包"扫码便捷支付，旅游纪念品可以在网上购买，下载"掌上游乌镇"App 可以轻松出游。未来乌镇还将实现全程移动支付，同时整合免费 Wi-Fi、服务窗、卡券中心等，确保游客不带钱包就能畅游。

在首届世界互联网大会筹备期间，乌镇的网络硬件设施再次迭代升级，移动、电信、联通三大运营商全力参与，使乌镇拥有了一个优秀的网络环境，保障在会议期间超过 5 万人可同时通过 4G 网络上网。

乌镇由此推进了智慧旅游、智慧生活的创新发展，开始建设一流的"智慧小镇"，以助力"智慧中国"。

【素质目标】

(1) 提升网络安全意识，注重国家安全。

(2) 培养科学发展观和创新思维。

(3) 深化家国情怀，提升民族自豪感。

任务一　无线局域网概述

【知识目标】

(1) 了解无线局域网的概念。

(2) 掌握无线局域网的相关协议。

【能力目标】

能够掌握无线局域网的搭建方法。

1. 无线局域网的概念

按照传输介质分类，网络可以分为有线网络和无线网络。无线网络是采用无线通信技术实现的网络，它具有灵活性高、可扩展性强的特点，但相比于有线网络，其网络稳定性稍弱。

无线局域网(WLAN)是指采用无线传输介质的局域网。基于 IEEE 802.11 标准的无线局域网，在传输中使用 ISM 频段中的 2.4 GHz 或 5.8 GHz 公共射频波段进行无线连接。WLAN 的数据传输速率最高已经达到 300 Mb/s，传输距离可达 20 km。

2. IEEE 802.11x 系列协议

IEEE 802.11 协议是 IEEE 在 1997 年提出的第一个无线局域网协议，由于传输速率最高只能达到 2 Mb/s，因此主要用于数据的存取。由于 IEEE 802.11 协议在传输速率和传输距离上都不能满足人们的需要，因此，IEEE 小组又相继推出了 IEEE 802.11b、IEEE 802.11a、IEEE 802.11g、IEEE 802.11n 等新协议(统称 802.11x)。IEEE 802.11x 协议也称作 Wi-Fi，是无线局域网基本协议之一。802.11x 可支持笔记本电脑、个人数字助理(PDA)和手机之间的无线通信。

IEEE 802.11b 协议规定：无线局域网工作频率范围为 2.4～2.4835 GHz，数据传输速率达到 11 Mb/s，室内办公环境中最长距离为 100 m。实际数据传输时，可在 11 Mb/s、5.5 Mb/s、2 Mb/s、1 Mb/s 之间切换。

IEEE 802.11a 协议规定：传输速率最高能达到 54 Mb/s，传输距离为 50 m，工作在 5.8 GHz 频带上。这就基本满足了现在局域网中绝大多数应用的速度要求，同时在数据加密方面也采用了更为严密的算法。IEEE 802.11b 和工作在 5.8 GHz 频带上的 IEEE 802.11a 标准不兼容。

IEEE 802.11g 协议规定：在 2.4 GHz 频段使用正交频分复用(OFDM)调制技术，使数据传输速率提高到 20 Mb/s 以上。它能够与 IEEE 802.11b 的 Wi-Fi 系统互联互通，从而保障了向后兼容性。这样原有的 WLAN 系统可以平滑地向高速 WLAN 过渡，延长了 IEEE 802.11b 产品的使用寿命，降低了用户的投资。

IEEE 802.11n 协议规定：在传输速率上可达到 300 Mb/s 甚至高达 600 Mb/s。在覆盖范围上，采用智能天线技术，通过多组独立天线组成的天线阵列，可以动态调整波束，保证让 WLAN 用户接收到稳定的信号，并可以减少其他信号的干扰。因此其覆盖范围可以扩大到数平方千米，使 WLAN 的移动性得到了极大的提高。

在兼容性方面，802.11n 采用了一种软件无线电技术，它是一个完全可编程的硬件平台，使得不同系统的基站和终端都可以通过这一平台的不同软件实现互通和兼容，这使得 WLAN 的兼容性得到了极大改善。因此，无线局域网 WLAN 不但能实现 802.11n 向前后兼容，而且可以实现 WLAN 与无线广域网的结合，如 3G 通信技术等。

3. 服务组标识符(SSID)

服务组标识符(SSID)是一个拥有 32 位字符的唯一性标识符。当移动设备尝试建立连接时，SSID 会作为密码附在通过 WLAN 传输的数据分组的标头上。SSID 可用于区分不同的 WLAN，因此尝试连接到某一特定 WLAN 上的所有接入点和设备都必须使用相同的 SSID。如果设备不能提供特定的 SSID，它就不能加入基本服务组(BSS)。因为 SSID 可从数据分组中作为纯文本提取出来，所以它不能提供任何网络安全保证。

4. 常见无线网络设备

常见的无线网络设备为无线路由器、无线接入控制器(AC)和无线访问接入点(AP)。其中，无线路由器已经走进了千家万户，被广泛应用于小型企业、办公室和家庭等场所。无线路由器的实物图如图 7.1 所示。

图 7.1　无线路由器的实物图

无线路由器的配置相对简单，使用网页浏览器或者手机登录无线路由器的配置网址后，即可进入配置页面。

配置无线路由器的步骤可以简要概括如下：

(1) 接通无线路由器的电源。

(2) 将无线路由器的 WAN 口插入网线。

(3) 登录无线路由器的配置网址页面，进入管理员页面。

(4) 创建管理员密码。

(5) 根据需求进行无线网络上网设置，包括上网方式、IP 地址、子网掩码、网关和 DNS 服务器等。

(6) 进行无线配置，包括无线网络名称和密码。

无线路由器配置完成如图 7.2 所示。

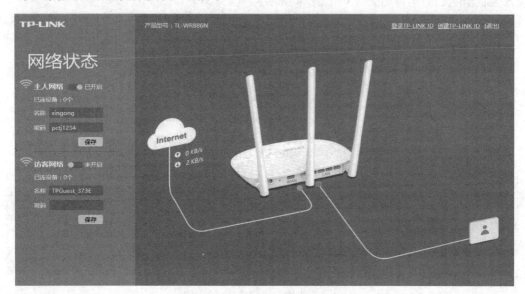

图 7.2　无线路由器配置完成

请你配置一台无线路由器，要求无线网络名称为 student123，密码为 pctj1234。

任务二　无线网络 AC + AP 原理与配置

【知识目标】

(1) 掌握无线访问节点的相关概念。

(2) 掌握通过 AP 搭建无线局域网的方法。

【能力目标】

能够使用 AP 搭建无线局域网，并使该局域网能够连接 Internet。

1. 无线访问节点 AP 概述

无线访问节点(AP)就是传统有线网络中的集线器或交换机，也是当前组建无线局域网的常用设备。一般情况下，无线访问节点(AP)和无线接入控制器(AC)搭配使用来完成企业网络的搭建，这样的网络称为无线 AC + AP 网络。无线 AC + AP 网络经常用在机场、校园、医院、大型商场、会展中心、地铁/车站、数字港口等大型场所。无线访问节点(AP)和无线接入控制器(AC)的实物如图 7.3 和图 7.4 所示。

图 7.3　无线访问节点(AP)的实物图

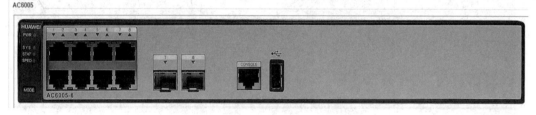

图 7.4　无线接入控制器(AC)的实物图

常见无线访问节点 AP 的类型包括单纯型 AP 和扩展型 AP。

(1) 单纯型 AP 仅仅提供无线信号发射的功能。该 AP 将网络信号通过双绞线传送过来，经过编译后将电信号转换成为无线电信号发送出来，形成无线网络的覆盖。

(2) 扩展型 AP 是具备路由等功能的 AP，即无线路由器。它主要应用于用户连接 Internet 和无线覆盖。通过路由功能，它可以实现家庭或小型办公无线网络共享连接 Internet，也能实现 ADSL、小区宽带等无线接入 。

2. 无线访问节点 AP 的功能

无线访问节点 AP 具备中继、桥接和主从模式等功能。

(1) 中继就是在两个无线节点间把无线信号放大，使得远端的客户端可以接收到更强的无线信号，保证传输速率和稳定性。

(2) 桥接就是连接两个端点，实现两个无线 AP 间的数据传输，把两个或多个有线局域网连接起来。注意：没有 WDS 功能的 AP，桥接后两点是没有无线信号覆盖的。

(3) 主从模式下工作的 AP 会被主 AP 或者无线路由看作一台无线客户端，比如无线网卡或者无线模块。这样是为了方便网管统一管理子网络，实现一点对多点的连接，AP 的客户端是多点，无线路由或主 AP 是一点。

3. 无线 AC + AP 局域网的配置

相较于无线路由器而言，使用 AC + AP 进行局域网的搭建较为复杂，大部分配置命令均设置在无线接入控制器(AC)上。下面以一个具体的无线 AC + AP 网络搭建案例来讲解其搭建方法。某公司无线 AC + AP 局域网拓扑图如图 7.5 所示，其中无线局域网设备为 AC6005 和 AP2050。

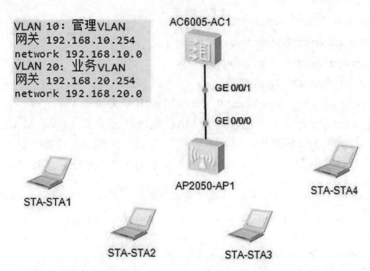

图 7.5 无线 AC + AP 局域网拓扑图

无线 AC + AP 网络搭建步骤如下：

(1) 根据图 7.5 搭建网络拓扑。打开 eNSP 软件，在空白拓扑图中添加无线局域网设备 AC6005 和 AP2050 以及 4 台终端设备 STA 笔记本电脑。

(2) 进行无线接入控制器 AC 的基本配置。在 AC6005-AC1 上创建 VLAN，开启 DHCP 服务，配置业务 VLAN 等，具体命令如下：

```
<AC6005>system-view
[AC6005]sysname AC1
[AC1]vlan batch 10 20          //创建 VLAN 10、VLAN 20
[AC1]dhcp enable               //开启 DHCP 服务
[AC1]ip pool vlan10            //创建名为 VLAN 10 的地址池，作为管理 VLAN
[AC1-ip-pool-vlan10]gateway-list 192.168.10.254
[AC1-ip-pool-vlan10]network 192.168.10.0 mask 255.255.255.0
[AC1-ip-pool-vlan10]quit
[AC1]ip pool vlan20            //创建名为 VLAN 20 的地址池，作为业务 VLAN
[AC1-ip-pool-vlan20]gateway-list 192.168.20.254
[AC1-ip-pool-vlan20]network 192.168.20.0 mask 255.255.255.0
[AC1-ip-pool-vlan20]quit
[AC1]interface Vlanif10        //接口获取地址
[AC1-Vlanif10]ip address 192.168.10.254 255.255.255.0
[AC1-Vlanif10]dhcp select global
```

[AC1-Vlanif10]quit

[AC1]interface Vlanif20

[AC1-Vlanif20]ip address 192.168.20.254 255.255.255.0

[AC1-Vlanif20]dhcp select global

[AC1-Vlanif20]quit

[AC1]interface GigabitEthernet0/0/1

[AC1-GigabitEthernet0/0/1]port link-type access

[AC1-GigabitEthernet0/0/1]port default vlan 10

[AC1-GigabitEthernet0/0/1]quit

[AC1]capwap source interface Vlanif10   //选择 Vlanif10 作为源接口

(3) 配置无线访问节点 AP 上线方式为 MAC 地址认证，其中绑定 MAC 地址为 AP 设备 MAC 地址，右键单击 AP 设备，选择"设置"选项，出现 AP 设备配置窗口，点击"配置"标签，可在 AP 基础配置栏中查看到此 AP 设备的 MAC 地址，如图 7.6 所示。

图 7.6   无线访问节点 AP 设备的 MAC 地址

在无线接入控制器 AC 上，将无线访问节点 AP 所对应的 MAC 地址绑定到无线网络上，具体命令如下：

[AC1]wlan   //进入无线配置

[AC1-wlan-view]ap auth-mode mac-auth   //设置 AP 为 MAC 地址认证

[AC1-wlan-view]ap-id 0 ap-mac 00e0-fc61-6bd0   //绑定 AP 设备的 MAC 地址

[AC1-wlan-ap-0]quit

(4) 配置无线网络相关参数，包括创建安全模板、密码设置、SSID 模板、无线网络名称、VAP 模板等，具体命令如下：

```
[AC1-wlan-view]security-profile name S              //创建安全模板 S
[AC1-wlan-sec-prof-S]security open                  //无密码
[AC1-wlan-sec-prof-S]quit
[AC1-wlan-view]ssid-profile name N                  //创建 SSID 模板 N
[AC1-wlan-ssid-prof-N]ssid OFFICE                   //设置 Wi-Fi 名称为 OFFICE
[AC1-wlan-ssid-prof-N]quit
[AC1-wlan-view]vap-profile name V                   // 创建 VAP 模板 V
[AC1-wlan-vap-prof-V]forward-mode tunnel
[AC1-wlan-vap-prof-V]service-vlan vlan-id 20        //VALN 20 为业务 VLAN
[AC1-wlan-vap-prof-V]security-profile S
[AC1-wlan-vap-prof-V]ssid-profile N
[AC1-wlan-vap-prof-V]quit
```

(5) 配置无线访问节点 AP 引用 VAP 模板，具体命令如下：

```
[AC1-wlan-view]ap-id 0
[AC1-wlan-ap-0]vap-profile V wlan 1 radio 0          //选择 2.4 GHz 射频
```

配置完成后，拓扑图上会出现无线网络信号区域，如图 7.7 所示。

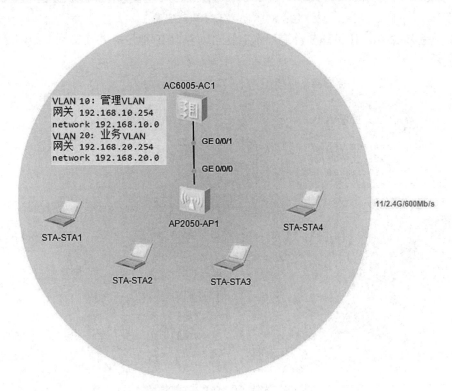

图 7.7　无线 AC+AP 网络配置完成

(6) 配置 1 台 STA 笔记本电脑，启用 DHCP，自动获取 IP 地址，选择 VAP 列表中

OFFICE Wi-Fi，点击"连接"图标即可，如图7.8所示，将STA笔记本电脑连接到无线网络。

图7.8　STA笔记本电脑配置

(7) 重复步骤(6)，让另外3台笔记本电脑自动获取IP地址，并连接到无线网络中，如图7.9所示。

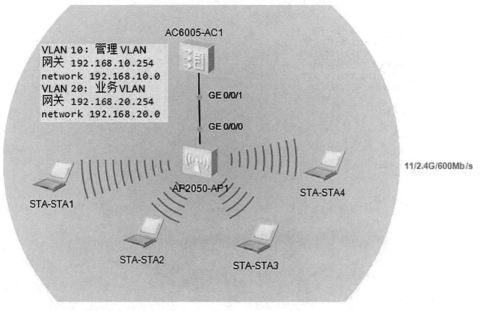

图7.9　无线AC+AP局域网搭建

(8) 点击STA笔记本电脑，选择"命令行"标签，输入"ipconfig"命令，查看STA笔记本电脑IP地址，如图7.10所示。利用Ping命令来测试4台笔记本电脑之间是否畅通，如图 7.11 所示。

图 7.10 获取到的 IP 地址

图 7.11 测试无线网络连通性

4. 无线 AC + AP 网络连入 Internet

使企业中的无线 AC + AP 局域网连入 Internet 是现今企业无线网络的基本要求，要将无线 AC + AP 局域网连入 Internet 就需要无线接入控制器 AC 连接到路由器。下面以一个具体的案例来讲解其搭建方法。某公司无线 AC+AP 局域网连入 Internet 拓扑图如图 7.12 所示，其中无线局域网设备为 AC6005 和 AP2050，路由器 AR2220。

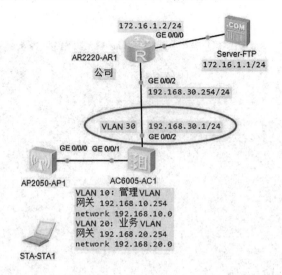

图 7.12　无线 AC + AP 局域网连入 Internet 拓扑图

具体无线 AC + AP 网络连入 Internet 搭建方法如下所述。

(1) 根据要求，在 eNSP 中搭建无线 AC + AP 局域网连入 Internet 拓扑图。

(2) 配置公司路由器 AR1，使用 GE0/0/0 和 GE0/0/2 端口，对应 IP 地址为 172.16.1.2/24 和 192.168.30.254/24，并给路由器 AR1 配置静态路由，具体命令如下：

```
<Huawei>system-view
[Huawei]sysname AR1
[AR1]interface GigabitEthernet0/0/2
[AR1-GigabitEthernet0/0/2]ip address 192.168.30.254 255.255.255.0   //配置 GE0/0/2 端口 IP 地址
[AR1-GigabitEthernet0/0/2]interface GigabitEthernet0/0/0
[AR1-GigabitEthernet0/0/0]ip address 172.16.1.2 255.255.255.0      //配置 GE0/0/0 端口 IP 地址
[AR1-GigabitEthernet0/0/0]quit
[AR1]ip route-static 192.168.20.0 255.255.255.0 192.168.30.1       //配置静态路由
```

(3) 无线接入控制器 AC1 的基本配置。AC6005-AC1 上创建 VLAN，开启 DHCP 服务，配置业务 VLAN 等，具体命令如下：

```
<AC6005>system-view
[AC6005]sysname AC1
[AC1]vlan batch 10 20 30    //创建 VLAN 10、VLAN 20、VLAN 30
[AC1]dhcp enable            //开启 dhcp 服务
[AC1]ip pool vlan10         //创建名为"VLAN 10"的地址池，作为管理 VLAN
[AC1-ip-pool-vlan10]gateway-list 192.168.10.254
[AC1-ip-pool-vlan10]network 192.168.10.0 mask 255.255.255.0
[AC1-ip-pool-vlan10]quit
[AC1]ip pool vlan20         //创建名为"VLAN 20"的地址池，作为业务 VLAN
[AC1-ip-pool-vlan20]gateway-list 192.168.20.254
```

[AC1-ip-pool-vlan20]network 192.168.20.0 mask 255.255.255.0

[AC1-ip-pool-vlan20]quit

[AC1]interface Vlanif10   //接口获取地址

[AC1-Vlanif10]ip address 192.168.10.254 255.255.255.0

[AC1-Vlanif10]dhcp select global

[AC1-Vlanif10]quit

[AC1]interface Vlanif20

[AC1-Vlanif20]ip address 192.168.20.254 255.255.255.0

[AC1-Vlanif20]dhcp select global

[AC1-Vlanif20]quit

[AC1]interface Vlanif30

[AC1-Vlanif30]ip address 192.168.30.1 255.255.255.0

[AC1]interface GigabitEthernet0/0/1

[AC1-GigabitEthernet0/0/1]port link-type access

[AC1-GigabitEthernet0/0/1]port default vlan 10

[AC1-GigabitEthernet0/0/1]quit

[AC1-GigabitEthernet0/0/1] interface GigabitEthernet0/0/2

[AC1-GigabitEthernet0/0/2]port hybrid pvid vlan 30   //端口以 PVID 放入 VLAN 30

[AC1-GigabitEthernet0/0/2]port hybrid untagged vlan 30   //端口以 untagged 放入 VLAN 30

[AC1]capwap source interface Vlanif10   //选择 Vlanif10 作为源接口

[AC1]ip route-static 0.0.0.0 0.0.0.0 192.168.30.254   //配置静态路由

(4) 在 AC 上配置无线访问节点 AP 上线方式为 MAC 地址认证，具体命令如下：

[AC1]wlan   //进入无线配置

[AC1-wlan-view]ap auth-mode mac-auth   //设置 AP 为 MAC 地址认证

[AC1-wlan-view]ap-id 0 ap-mac 00e0-fc61-6bd0   //绑定 AP 设备的 MAC 地址

[AC1-wlan-ap-0]quit

(5) 配置无线网络相关参数，包括创建安全模板、密码设置、SSID 模板、无线网络名称、VAP 模板等，具体命令如下：

[AC1-wlan-view]security-profile name S   //创建安全模板 S

[AC1-wlan-sec-prof-S]security open   //无密码

[AC1-wlan-sec-prof-S]quit

[AC1-wlan-view]ssid-profile name N   //创建 SSID 模板 N

[AC1-wlan-ssid-prof-N]ssid OFFICE   //设置 Wi-Fi 名称为 OFFICE

[AC1-wlan-ssid-prof-N]quit

[AC1-wlan-view]vap-profile name V   //创建 VAP 模板 V

[AC1-wlan-vap-prof-V]forward-mode tunnel

[AC1-wlan-vap-prof-V]service-vlan vlan-id 20   //VALN 20 为业务 VLAN

[AC1-wlan-vap-prof-V]security-profile S

[AC1-wlan-vap-prof-V]ssid-profile N

[AC1-wlan-vap-prof-V]quit

(6) 配置无线访问节点 AP 引用 VAP 模板，具体命令如下：

[AC1-wlan-view]ap-id 0

[AC1-wlan-ap-0]vap-profile V wlan 1 radio 0   //选择 2.4 GHz 射频

配置完成后，拓扑图上会出现无线网络信号区域，如图 7.13 所示。

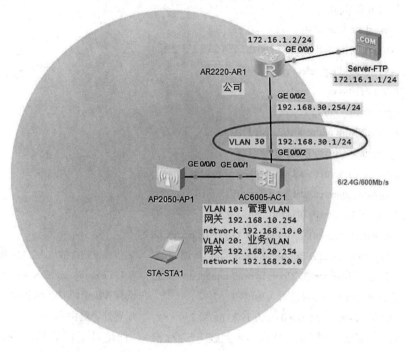

图 7.13 无线 AC+AP 局域网连入 Internet

(7) 配置 STA 笔记本终端设备，启用 DHCP，自动获取 IP 地址，选择 VAP 列表中 OFFICE Wi-Fi，点击"连接"图标即可，如图 7.14 所示。

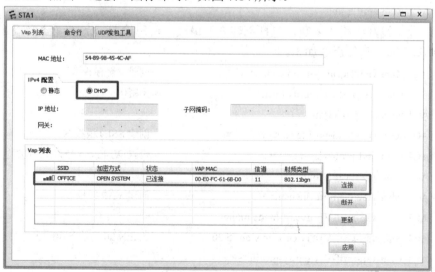

图 7.14 STA 笔记本终端设备连接无线网

(8) FTP 服务器基础配置，假设 FTP 服务器 IP 地址为"172.16.1.1/24"，网关为"172.16.1.2/24"，如图 7.15 所示。

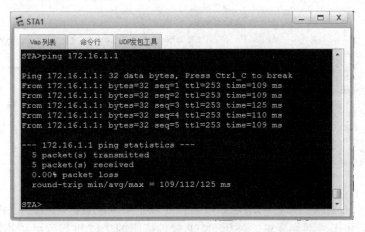

图 7.15　FTP 服务器基础配置

(9) 点击 STA 笔记本电脑，选择"命令行"标签，输入"ping 172.16.1.1"命令，验证笔记本电脑与外网服务器的连通性，如图 7.16 所示。

图 7.16　测试无线网络连通性

实践 做一做

1. 无线 AC + AP 网络搭建实践 1

目前，公司网络需要搭建一个无线 AC + AP 网络，具体网络拓扑图如图 7.5 所示，前期已做好网络规划，请按照以下要求配置好相应的网络。

(1) 无线接入控制器 AC1 创建 VLAN 100、VLAN 200 以及相应地址池。其中，VLAN 100 为管理 VLAN，VLAN 200 为业务 VLAN，vlan100 地址池网关为 192.168.100.254，IP 地址为 192.168.100.0/24；VLAN 200 地址池网关为 192.168.200.254，IP 地址为 192.168.200.0/24。

(2) 在无线接入控制器 AC1 上开启 dhcp 服务，并配置端口 Vlanif100 的 IP 地址为 192.168.100.254/24，端口 Vlanif200 的 IP 地址为 192.168.200.254/24，配置端口 GE0/0/1 为 access 端口，并将其放入 VLAN 100。

(3) 在无线接入控制器 AC1 上配置端口 Vlanif100 为源端口。

(4) 在无线接入控制器 AC1 上配置 AP 上线方式为 MAC 地址认证。

(5) 在无线接入控制器 AC1 上创建安全模板 A，设置为免密模式。

(6) 在无线接入控制器 AC1 上创建 SSID 模板 B，设置无线网名称为 tjmvti。

(7) 在无线接入控制器 AC1 上创建 VAP 模板 C，配置业务数据转发模式、业务 VLAN，并引用安全模板 A 和 SSID 模板 B。

(8) 在无线接入控制器 AC1 上配置 AP 引用 VAP 模板。

(9) 配置 4 台 STA 笔记本电脑，连接到无线网络 tjmvti，并测试 4 台笔记本之间是否能 ping 通。

(10) 将该文件保存为无线网络搭建 1.topo。

2. 无线 AC + AP 网络搭建实践 2

目前，公司网络需要搭建一个无线 AC + AP 网络，具体网络拓扑图如图 7.17 所示。

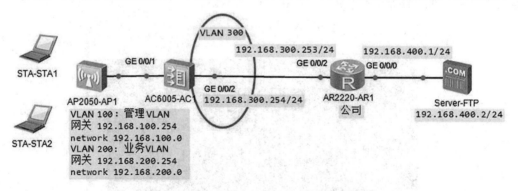

图 7.17　某公司无线 AC + AP 局域网拓扑图

公司网络中心前期已做好网络规划，请按照以下要求配置好相应的网络。

(1) 按照公司无线网络要求，使用 eNSP 软件依照图 7.17 进行网络拓扑图的绘制。

(2) 配置公司路由器 AR1 端口 G0/0/0 的 IP 地址为 192.168.400.1/24，端口 GE0/0/2 的 IP 地址为 192.168.300.253/24，并且配置到 192.168.200.0 网段的静态路由。

(3) 无线接入控制器 AC1 创建 VLAN 100、VLAN 200、VLAN 300 以及相应地址池。其中，VLAN 100 为管理 VLAN，VLAN 200 为业务 VLAN，VLAN 100 地址池网关为 192.168.100.254，IP 地址为 192.168.100.0/24；VLAN 200 地址池网关为 192.168.200.254，IP 地址为 192.168.200.0/24。

(4) 在无线接入控制器 AC1 上开启 DHCP 服务，并配置端口 Vlanif100 的 IP 地址为 192.168.100.254/24，端口 Vlanif200 的 IP 地址为 192.168.200.254/24，端口 Vlanif300 的 IP

地址为 192.168.300.254/24，配置端口 GE0/0/1 为 Access 端口并将其放入 VLAN 100，配置端口 GE0/0/2 以 PVID 和 untagged 模式放入 VLAN 300。

　　(5) 在无线接入控制器 AC1 上配置端口 Vlanif100 为源端口，并配置下一跳为 192.168.300.253 的静态缺省路由。

　　(6) 在无线接入控制器 AC1 上配置 AP 上线方式为 MAC 地址认证。

　　(7) 在无线接入控制器 AC1 上创建安全模板 A，设置为免密模式。

　　(8) 在无线接入控制器 AC1 上创建 SSID 模板 B，设置无线网名称为 tjmvti。

　　(9) 在无线接入控制器 AC1 上创建 VAP 模板 C，配置业务数据转发模式、业务 VLAN，并引用安全模板 A 和 SSID 模板 B。

　　(10) 在无线接入控制器 AC1 上配置 AP 引用 VAP 模板。

　　(11) 配置 2 台 STA 笔记本电脑，连接到无线网络 tjmvti，并测试 2 台笔记本之间是否能 ping 通。

　　(12) 配置 FTP 服务器的 IP 地址为 192.168.400.2/24，并测试 STA 笔记本电脑与 FTP 服务器是否能 ping 通。

　　(13) 将该文件保存为无线网络搭建 2.topo。

 习题 练一练

一、简答题

1. 什么是无线网络访问节点 AP？

2. 无线 AP 的功能是什么？

二、选择题

1. WLAN 使用的无线频段为(　　　)。

A. 400 MHz 和 800 MHz　　　　　　　B. 800 MHz 和 1800 MHz

C. 2.4 GHz 和 5.8 GHz　　　　　　　D. 5.8 GHz 和 8 GHz

2. IEEE 802.11a 支持的最大速率为(　　　)。

A. 10 Mb/s　　　B. 11 Mb/s　　　　　C. 54 Mb/s　　　　　D. 300 Mb/s

3. IEEE 802.11a 支持的传输距离为(　　　)。

A. 10 m　　　　B. 50 m　　　　　　　C. 100 m　　　　　　D. 200 m

三、判断题

1. WLAN 中工作频段为 2.4 GHz 的无线局域网协议包括 IEEE 802.11b 和 IEEE 802.11a。

(　　　)

2. WLAN 中工作频段为 5.8 GHz 的无线局域网协议包括 IEEE 802.11b 和 IEEE 802.11a。

(　　　)

参 考 文 献

[1] 陈年.TCP/IP 协议分析教程与实验[M]. 2 版. 北京：清华大学出版社，2022.

[2] 王凯，章惠.计算机网络技术[M]. 北京：中国铁道出版社，2021.

[3] 王公儒.综合布线技术[M]. 北京：中国铁道出版社，2021.

[4] 华为技术有限公司.网络系统建设与运维初级[M]. 北京：人民邮电出版社，2020.

[5] 华为技术有限公司.网络系统建设与运维中级[M]. 北京：人民邮电出版社，2020.

[6] 汪双顶.计算机网络基础[M]. 北京：高等教育出版社，2019.

[7] 赵新胜，陈美娟，陈国华，等.路由与交换技术[M]. 北京：人民邮电出版社，2018.

[8] 兰少华，杨余旺，吕建勇.TCP/IP 网络与协议[M]. 2 版. 北京：清华大学出版社，2017.

[9] 赵喆，张绍鸥，葛立欣.计算机网络技术与应用[M]. 北京：中国铁道出版社，2013.